好奇心书系
· 野外识别手册 ·

U0216050

常见螳螂
野外识别手册

吴 超 著

重庆大学出版社

图书在版编目（CIP）数据

常见螳螂野外识别手册/吴超著. -- 重庆：重庆大学出版社，2021.10（2024.6重印）
（好奇心书系·野外识别手册）
ISBN 978-7-5689-2755-0

Ⅰ. ①常… Ⅱ. ①吴… Ⅲ. ①螳螂目—识别—手册

Ⅳ. ①Q969.26-62

中国版本图书馆CIP数据核字(2021)第110353号

常见螳螂野外识别手册

吴 超 著

策划：鹿角文化工作室

责任编辑：梁 涛　　版式设计：周 娟　何欢欢
责任校对：关德强　　责任印制：赵 晟

*

重庆大学出版社出版发行
出版人：陈晓阳
社址：重庆市沙坪坝区大学城西路21号
邮编：401331
电话：(023) 88617190　88617185（中小学）
传真：(023) 88617186　88617166
网址：http://www.cqup.com.cn
邮箱：fxk@cqup.com.cn（营销中心）
全国新华书店经销
重庆金博印务有限公司印刷

*

开本：787mm×1092mm　1/32　印张：6.5　字数：193千
2021年10月第1版　2024年6月第3次印刷
印数：10 001—15 000
ISBN 978-7-5689-2755-0　定价：39.00元

引

尽管一些在城市中生活的读者朋友们可能没有见过螳螂，但我相信不会有人没听说过螳螂这类昆虫。虽然很多时候，螳螂并不如蝴蝶、蜻蜓般常见，但从诗词到典故，从寓言到卡通形象，螳螂对于大众一定算不上陌生；螳螂目昆虫多样的形态和颇有拟人感的行为更让很多人为之着迷，甚至将其作为宠物饲养。本书力求简洁而全面地介绍这类独特的昆虫，从形态结构到生物学信息，让即使没有相关基础知识的读者也能轻松读懂。本书的主要部分用来介绍中国相对常见的 77 种螳螂，尽管这里说是"常见"，但实际上，在人们的日常生活中可能大半依旧难以遇到。分属在 12 科 50 属的螳螂代表了中国螳螂的主要类群，本书简单介绍了它们的形态特征、大小、常见度及分布情况；提供了多数属的螵蛸图版，算是本书的一个小亮点。希望读者朋友们能通过本书简单了解螳螂的相关知识，并对中国螳螂常见类群及物种有个粗略了解；更希望大家能通过本书看到昆虫世界的精美，看到我们所在的自然生态多彩迷人的一面。

本书完成时间仓促，错误和纰漏在所难免，望读者朋友们能指出谬误，以便日后修订改正。

吴 超

2020 年 12 月 30 日于北京

目 录 CONTENTS

MANTIS

入门知识
Introduction

·概论·

螳螂目 Mantodea 昆虫通称螳螂，简称螳，英文为 mantis、mantids 或 praying mantis。体小至大型，10～160 mm。螳螂目昆虫包含近 3 000 个已知种，分布在除南极洲以外的各个大洲；在中国记录约 160 种。螳螂目是多新翅类 Polyneoptera 昆虫的一个分支，与蜻蜓和蜉蝣不同，这类昆虫有着可折叠的翅膀结构；在现生的昆虫各目中，与螳螂目有着最近亲缘关系的姊妹群是包含各色蟑螂和白蚁的蜚蠊目 Blattodea，蜚蠊目与螳螂目共同组成了单系的网翅总目 Dictyoptera。

节肢动物门 phylum **Arthropoda**

六足总纲 superclass **Hexapoda**

昆虫纲 class **Insecta**

有翅亚纲 subclass **Pterygota**

新翅下纲 infraclass **Neoptera**

多新翅类 cohort **Polyneoptera**

网翅总目 superorder **Dictyoptera**

螳螂目 order **Mantodea**

在我国，除青藏地区海拔超过 3 000 m 的高原面之外，几乎全国各地都能找到螳螂活动的踪迹。尽管多数螳螂的分布海拔都不超过 1 500 m，但依旧有屏顶螳属 Phyllothelys、齿螳属 Odontomantis、缺翅螳属 Arria 等类群的物种可以生活在海拔 2 000～2 500 m 的范围，少数种可出现在 3 000 m 高的环境，西藏吉隆地区的诗仙蜢螳 Didymocorypha libaii Wu & Liu 的最高采集记录达到 3 300 m，是中国已知分布海拔最高的螳螂。整体而言，越向北方，螳螂的物种多样性越低；而在热带的低海拔地区，螳螂的种类则最为丰富，形态色彩也

● 薄翅螳 *Mantis religiosa* (Linnaeus) 是体型最标准的螳螂，也是最早被科学命名的一种螳螂。这个种在旧大陆广泛分布，并被人为带至新大陆

● 蜚蠊目是现生昆虫中与螳螂目有着最亲密亲缘关系的类群，它们与螳螂目共同构成了单系的网翅总目

表现出极高的多样性。虽然中国已知 160 余种螳螂，但人们日常能见到的螳螂却不到 20 种；在这些相对易见的螳螂中，只有 5 种左右会比较频繁地出现在我们生活的城市环境里。

瑞典籍日耳曼人 Carl von Linné（卡尔·冯·林奈）是第一批用科学的分类方法——双名命名法（binomial nomenclature）——对螳螂进行首次描述及命名的人。在林奈 1758 年的第十版 *Systema Naturae* 中，螳螂被包含在鞘翅目 Coleoptera 下蟋蟀属 *Gryllus* 的螳亚属 *Mantis* 之中，当时的蟋蟀属还包括了现今的直翅目 Orthoptera 及鲼目 Phasmida 昆虫。1767 年，林奈将螳属 *Mantis* 提升为一个独立属；直至 1839 年，Audinet-Serville 才首次将螳螂提升为直翅目下的一个科；1889 年，Wood-Mason 提出了螳螂目 Mantodea；1919 年，在 Giglio-Tos 的专著中，螳螂被作为一个科看待，包含了 30 余亚科，388 属，1 364 种，是当时最为全面的螳螂分类体系；1930 年，Handlirsch 将螳螂目划分成 2 个科：缺爪螳科 Chaeteessidae 和包含其他所有螳螂的螳科 Mantidae；1949 年，Chopard 记录了螳螂目约 1 800 种，并划分成 13 个科；1964 年，Beier 的螳螂目分类体系则包含 8 科，记载超过 330 属和约 1 700 种；中国研究者王天齐在 1993 年的《中国螳螂目分类概要》一书中以此分类系统为主要框架；2002 年，在德国螳螂专家 Ehrmann 的专著 *Mantodea der Welt* 中记录了世界范围螳螂目 15 科，434 属，2 300 余种，在接下来的十余年中，这套分科系统被广泛应用；2019 年，Schwarz 和 Roy 以雄性外生殖器特征、整体形态特征及分子证据为基础提出全新的螳螂目分类系统，将现生螳螂目重新分成 29 科，本书以此分类系统为框架，介绍了中国螳螂目昆虫 12 科，50 属，77 种。

Mantodea 螳螂目 –Eumantodea 现生真螳类

CHAETEESSOIDEA 缺爪螳总科

Chaeteessidae 缺爪螳科

MANTOIDOIDEA 伪螳总科

  Mantoididae 伪螳科

METALLYTICOIDEA 金螳总科

  Metallyticidae 金螳科

Amerimantodea 新大陆螳演化支

THESPOIDEA 细足螳总科

  Thespidae 细足螳科

ACANTHOPOIDEA 旌螳总科

  Angelidae 天使螳科

  Coptopterygidae 鳍螳科

  Liturgusidae 伶螳科

  Photinaidae 翠螳科

  Acanthopidae 旌螳科

Cernomantodea 旧大陆螳演化支

CHROICOPTEROIDEA 非洲螳总科

  Chroicopteridae 非洲螳科

NANOMANTOIDEA 侏螳总科

  Leptomantellidae 小丝螳科 *

  Amorphoscelidae 怪螳科 *

  Nanomantidae 侏螳科 *

GONYPETOIDEA 跳螳总科

  Gonypetidae 跳螳科 *

EPAPHRODITOIDEA 安替列螳总科

Majangidae 马岛螳科

Epaphroditidae 安替列螳科

HAANIOIDEA 角螳总科

Haaniidae 角螳科 *

EREMIAPHILOIDEA 埃螳总科

Rivetinidae 铆螳科 *

Amelidae 漠螳科

Eremiaphilidae 埃螳科 *

Toxoderidae 箭螳科 *

HOPLOCORYPHOIDEA 囊螳总科

Hoplocoryphidae 囊螳科

MIOMANTOIDEA 奇螳总科

Miomantidae 奇螳科

GALINTHIADOIDEA 珍螳总科

Galinthiadidae 珍螳科

HYMENOPOIDEA 花螳总科

Empusidae 锥螳科 *

Hymenopodidae 花螳科 *

MANTOIDEA 螳总科

Dactylopterygidae 鞑螳科

Deroplatyidae 枯叶螳科 *

Mantidae 螳科 *

在这 29 个现生的螳螂科中，其中的 12 科（ * 标注）在中国有记录。

　　尽管一对发达的镰刀状捕捉足让螳螂成为几乎不可能被认错的昆虫，但是仍有少数昆虫类群可能有与之雷同的外形。在相似的生存模式与选择压力下，与螳螂并无密切亲缘关系的半翅目蝎蝽科 Nepidae 及猎蝽科 Reduviidae、脉翅目螳蛉科 Mantispidae、双翅目舞虻科 Empididae 及水蝇科 Ephydridae 等同样演化出了精致的捕捉足结构，这样的相似并不是拟态所致，而属于趋同演化的现象。

● 脉翅目螳蛉科 Mantispidae 的昆虫可能会与小型螳螂混淆，但二者并无密切亲缘关系，形态上的相似是趋同演化的结果。螳蛉为有蛹期的全变态昆虫，它们的翅也没有如螳螂般发达的臀域结构，腹部末端也 ⌐ 下 明显分节的细长尾须

　　以刀螳属 Te　　　　　　'ia 为代表的一些适应性强的大型螳螂在
田间村落中尹　　　　　　　　　　_文化中也常有不同的俗称。在北方及中
原的农耕圹　　　　　　　　　刀"刀郎"或"砍刀"；而在华南地区，尤
其是潮汕及台湾　　　　　　　.为"草猴"，两广地区常把螳螂称为"马郎狂"

或"马郎琼"（音）。当然，这些称谓在今天都已经越来越少地被提及了，颇有意思的俗名及典故也正在逐渐淡出人们的生活。除去这些民俗文化，螳螂也常出现在诗词典故之中，耳熟能详的莫过于"螳臂当车""螳螂捕蝉"这样的成语。人们对螳螂资源的应用也是由来已久，李时珍的《本草纲目》中就有螳螂的卵块（螵蛸）可作药用的记载，被认为可用于遗精白浊、盗汗虚劳等症。时至今日，我们依旧可以在传统医药店中见到"桑螵蛸"这味药材。西南一些地区的村民也会采集螳螂食用。今天对螳螂最广泛的应用是投放螵蛸作为天敌昆虫；不过由于螳螂并没有专食性，不同龄期对猎物体型的接纳度差异也较大，因而以螳螂作为天敌昆虫投放常只在整体生态恢复上较有意义，对单一害虫的防治效果并不理想。

● "桑螵蛸"是最为知名的与螳螂相关的中药材，可在各中药店中见到，通常使用中华刀螳 *Tenodera sinensis* Saussure 及广斧螳 *Hierodula patellifera* (Serville) 的螵蛸炮制

身体结构

和绝大多数昆虫一样，螳螂的身体可划分成头、胸、腹 3 个部分，成虫在中后胸上分别着生前后翅，但在一些种类中可能完全退化。

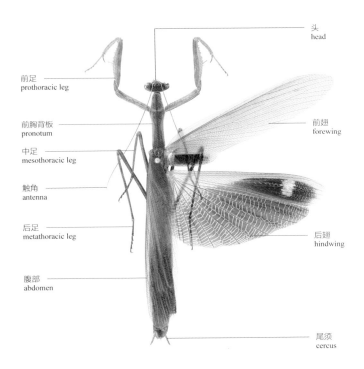

前足
prothoracic leg

前胸背板
pronotum

中足
mesothoracic leg

触角
antenna

后足
metathoracic leg

腹部
abdomen

头
head

前翅
forewing

后翅
hindwing

尾须
cercus

● 螳螂成虫的身体结构

头：螳螂通常有一个近三角形的头部，但在一些类群中可能因结构上的特化而呈现出更多样的形态。头部具有 1 对大型的复眼及 3 枚呈三角形排列的圆形单眼。复眼通常表面光滑、隆起，一些类群可能在复眼上有刺或角状的衍生物。螳螂生活时可在复眼中看到一个瞳孔样的黑点，这并非复眼内的真实结构，而是光学构象形成的"伪瞳孔"，这个黑点的位置会随着观察者的视角变化而变化，造成观察者一直被螳螂盯着看的假象；"伪瞳孔"会在螳螂死后消失。

多数螳螂的复眼在强光或暗光环境下会有明显的色彩变化：在暗光环境中，复眼内的色素细胞扩张而使得复眼变成深色，以便吸纳更多的光线，因而在夜晚观察螳螂时，我们会看到它们的复眼变成与白天截然不同的褐色。螳螂的3枚单眼仅有感光功能，不能成像；通常同种的雄性螳螂中，单眼要更加发达，尤其那些在夜晚活跃善飞的物种。螳螂的口器为咀嚼式，上颚骨化程度较强，左右不对称。螳螂的触角细长，通常丝状，少数栉齿状甚至羽状；同一物种内雄性螳螂的触角要比雌性的粗壮且更长。一些螳螂的头顶还着生有角状物。

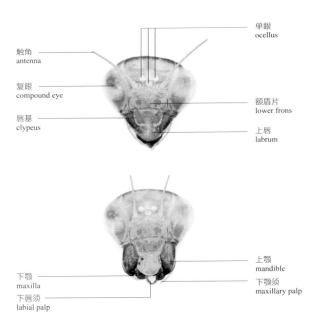

触角
antenna

复眼
compound eye

唇基
clypeus

单眼
ocellus

额盾片
lower frons

上唇
labrum

下颚
maxilla

下唇须
labial palp

上颚
mandible

下颚须
maxillary palp

● 螳螂的头部结构

胸：修长的前胸是螳螂的标志性特征之一。相比中胸及后胸，螳螂的前胸显著拉长并更高强度地骨化，结实强壮的前胸结构显然与它们的捕猎习性相关联，前胸的延长也有助于螳螂快速抓住距离自己较远的猎物。尽管延长的前胸是大众印象中螳螂的标志性特征，但也有一些螳螂的前胸短小并不显著延长。螳螂的前胸还可能会有配合拟态的扩展及衍生物，甚至弯曲。螳螂的中后胸结构相对简单且骨化程度较低，多数科在腹侧有听觉结构，这些可在飞行中察觉蝙蝠声呐的器官在螳螂的演化中多次独立出现。

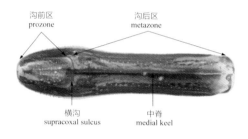

● 螳螂的前胸背板结构

足：螳螂的前足为捕捉足。基节显著延长，转节短小。股节腹侧具内外 2 列刺及中刺，部分内列刺及中刺可动，有助于螳螂更好地卡住猎物。前足胫节腹侧具内外 2 列小刺，皆不可动；除缺爪螳科 Chaeteessidae 外，胫节端部特化成爪，当胫节与股节合拢时，这个爪会嵌入股节内侧的爪沟之内。除伪螳科 Mantoididae 外，螳螂前足股节内侧近端部有一处密集短毛的结构：清洁刷，可用于清洁面部。螳螂的中后足均为步行足，一些物种在股节或胫节上可能存有扩展物；少数种后足发达，近跳跃足。螳螂的各足跗节均为 5 节，但埃螳科 Eremiaphilidae 寡节埃螳属 *Heteronutarsus* 中跗节愈合至 3~4 节。螳螂的各足跗节端部具 1 对爪，爪通常近对称，钩状；侏螳科 Nanomantidae 部分物种中，爪呈梳状，猜测用以抓握叶片背侧的绒毛；寡节埃螳属 *Heteronutarsus* 的中后足跗节爪高度不对称。

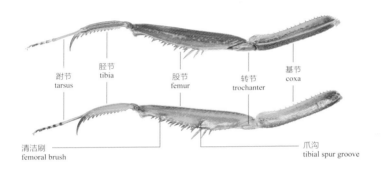

跗节 tarsus　　胫节 tibia　　股节 femur　　转节 trochanter　　基节 coxa

清洁刷 femoral brush

爪沟 tibial spur groove

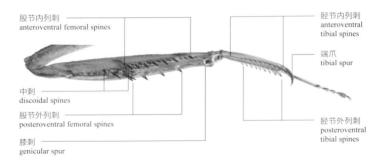

股节内列刺 anteroventral femoral spines

胫节内列刺 anteroventral tibial spines

中刺 discoidal spines

端爪 tibial spur

股节外列刺 posteroventral femoral spines

膝刺 genicular spur

胫节外列刺 posteroventral tibial spines

● 螳螂的前足结构及刺列

　　翅：螳螂的成虫通常有前后 2 对翅膀，分别着生于中胸及后胸。前翅通常较为狭长，有发达的前缘域及中域；除去小型种，通常至少前缘域革质。后翅如其他多新翅类昆虫一样，有着发达而宽阔的臀域，并且臀域结构可以做扇形折叠。在飞行时，螳螂的前翅摆幅较小，飞行动力主要靠后翅提供。尽管翅的原本用途是飞行，但一些在翅上有较复杂的特化的有翅螳螂并没有飞行能力，这在雌性螳螂中尤其普遍。一些螳螂的后翅色彩鲜艳，在遇到惊扰时突然展开恐吓敌害。部分螳螂成虫短翅，但通常仅局限在同种的雌性中；少数种两性均短翅，如短翅搏螳 *Bolivaria brachyptera* (Pallas) 及名和小跳螳 *Amantis nawai* (Shiraki) 的部分个体；极少数种雌性完全无翅，如缺翅螳属 *Arria* 及华缺翅螳属 *Sinomiopteryx*。诗仙蟷螳 *Didymocorypha libaii* Wu & Liu 两性皆完全无翅，这是东洋区仅有的两性皆无翅的螳螂。

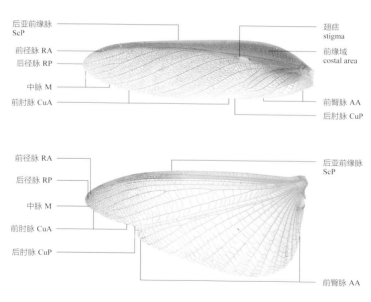

后亚前缘脉 ScP
前径脉 RA
后径脉 RP
中脉 M
前肘脉 CuA

翅痣 stigma
前缘域 costal area
前臀脉 AA
后肘脉 CuP

前径脉 RA
后径脉 RP
中脉 M
前肘脉 CuA
后肘脉 CuP

后亚前缘脉 ScP
前臀脉 AA

● 螳螂的前后翅结构及主要翅脉

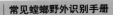

腹部： 螳螂的腹部分为 10 节；但因腹侧的第 1 腹板消失及端部腹节的重叠特化，因而在雄性中腹侧仅可见 8 节，雌性仅可见 6 节；最后一节可见腹板（雄性中为第 9 腹板，即可见的第 8 节；雌性中为第 7 腹板，即可见的第 6 节）特化为下生殖板。一些物种腹板可能存在配合拟态的扩展物。一些螳螂的若虫腹部上翘或弯折紧贴在背部，主要集中在花螳科 Hymenopodidae、锥螳科 Empusidae、旌螳科 Acanthopidae、枯叶螳科 Deroplatyidae 及螳科 Mantidae 的部分斧螳亚科 Hierodulinae 物种之中。螳螂的两性尾须均多节，柔软，具毛。

● 螳螂的腹部，左侧两图为雌性，右侧两图为雄性，注意可见节数的差异

雄性外生殖器： 螳螂的雄性外生殖器通常有较高程度的骨化，是物种鉴定的重要特征依据，包含右阳茎叶、左阳茎叶及下阳茎叶 3 部分，并显著地不对称。左阳茎叶及下阳茎叶为同一骨片特化，因而紧密相连。绝大多数螳螂的雄性外生殖器的方向性相同，在实际交配中雄性也只能从右侧弯曲腹部接触雌性；但少数种的雄性外生殖器反向，交配时方向也相应相反，如海南角螳

Haania hainanensis (Tinkham)，这也是中国已知的唯一一种雄性外生殖器反向的螳螂。

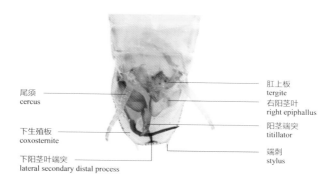

尾须
cercus

下生殖板
coxosternite

下阳茎叶端突
lateral secondary distal process

肛上板
tergite

右阳茎叶
right epiphallus

阳茎端突
titillator

端刺
stylus

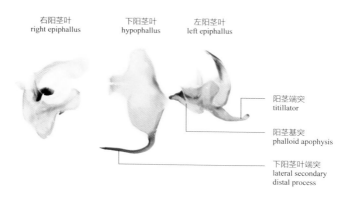

右阳茎叶
right epiphallus

下阳茎叶
hypophallus

左阳茎叶
left epiphallus

阳茎端突
titillator

阳茎基突
phalloid apophysis

下阳茎叶端突
lateral secondary distal process

● 螳螂的雄性外生殖器结构

螵蛸：螳螂将卵粒产在螵蛸（oothecae）之中，多数螳螂的螵蛸有着明显的分层结构，其内还有分隔卵粒的卵室，螵蛸顶部有孵化通道。螵蛸的泡沫层可以为其中的卵保温保湿，并能一定程度地阻碍寄生性小蜂的侵害。

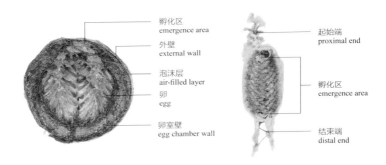

孵化区
emergence area

外壁
external wall

泡沫层
air-filled layer

卵
egg

卵室壁
egg chamber wall

起始端
proximal end

孵化区
emergence area

结束端
distal end

● 螳螂的螵蛸结构，左图为横剖面

生活史

　　螳螂属于不完全变态昆虫，一生包括卵、若虫、成虫3个阶段，没有蛹期。螳螂的卵表面光滑，长卵形，通常米黄色或黄绿色。所有现生螳螂都将卵产在泡沫质的螵蛸之中，因种而异，一块螵蛸中可能包含屈指可数的几枚到上百枚卵粒。很多生活在寒冷地区的螳螂会以螵蛸中的卵的形式越冬；锥螳属 *Empusa* 及一些花螳科 Hymenopodidae 的物种常以大龄若虫越冬，而在温热带地区，螳螂越冬的形式则可能更为多样。

当卵中胚胎发育成熟，若虫即钻出卵皮，顺着螵蛸中的通道钻出孵化，这时的若虫附肢紧贴在躯干上，呈鱼形，无行动能力，仅能扭动前行，称为"前若虫"。"前若虫"由一根丝线悬吊从螵蛸中滑出，并在离开螵蛸后迅速进行第一次蜕皮，成为1龄若虫。1龄若虫已经有着与成虫相近的外形，它们会在短时间内离开螵蛸，各自独立生活。

螳螂的若虫习性通常与成虫相仿，以捕捉各类小动物为食。螳螂的若虫经过6~8次蜕皮达到成虫阶段，若虫发育过程中造成的断足等损伤，可伴随蜕皮一定程度地恢复。不同种的螳螂蜕皮次数可能不同，通常小型种蜕皮次数较少；而同种螳螂中，雄性的蜕皮次数也常比雌性少1~2次。

成虫是螳螂一生中的最后一个阶段，以发育成熟

● 广斧螳 *Hierodula patellifera* (Serville) 的螵蛸，在冬季寒冷的地区，厚实的螵蛸可保护其中的卵安全越冬

● 正在孵化中的广斧螳，注意左侧个体即为前若虫阶段，这个阶段的幼体附肢紧贴在身体上，在蜕一次皮后即成为如右侧个体般附肢可自主运动的1龄若虫

● 螳螂是不完全变态昆虫，若虫阶段即有与成虫近似的外形，但并无成熟的翅。若虫在4~5龄可见翅芽，并在接下来的蜕皮发育中，翅芽逐渐增大

的翅及生殖系统为标志。成虫后的螳螂即不再蜕皮，因而身体的损伤也不能再恢复。螳螂的成虫寿命较长，通常可达 2~3 个月，一些种的成虫甚至能存活 6 个月以上。新羽化的成虫需要经历一段时间且需要进食才能完全成熟，完全成熟后的螳螂即可交配产卵，但未经交配的雌性螳螂也可产下正常的螵蛸，一些种有孤雌生殖的记录。两性一生均可多次交配。螳螂的螵蛸通常产于植物枝条或叶片之上，但也有一些种类会将螵蛸产进树皮缝隙、岩壁、石下，甚至通过腹部的挖掘将螵蛸产入地下。

● 广斧螳的成虫，大多数螳螂在这个阶段都有 2 对翅，尽管一些物种翅退化缩短

·生物学·

捕食： 螳螂拥有敏锐的视觉，并依靠发达特化的前足攫取、控制猎物。尽管强有力的捕捉足可能严重地创伤或损坏猎物的身体结构，但被控制的猎物并不会被刻意杀死，而是以咀嚼式口器直接啃咬，直到猎物因肢体破碎而失去活性。螳螂的猎物几乎全是昆虫或近缘的陆生节肢动物，这并不是因为它们对昆虫的偏好，而是因为在所处的环境中，在螳螂可控的体型范围内的小动物几乎全是昆虫，这也意味着对大型螳螂而言，小型脊椎动物依旧可能出现在它们的菜单之上。小型鸟类是最常见的非常规猎物，各大洲都存在有能力捕猎小鸟的螳螂。大多数螳螂并没有特殊的捕食偏好，但一些习性或形态独特的类群依旧可能有比较专一的食性：在树干上活动的怪螳属 *Amorphoscelis* 非常善于以细小的前足灵巧地攫取身旁经过的蚂蚁；在亚洲东南部分布的箭螳族 Toxoderini 的种类则偏好捕食蝴蝶，它们捕捉足上纤细的直立长刺很适合卡住蝴蝶这种有宽大翅膀但反抗能力较弱的昆虫。

● 捕食中的中华刀螳 *Tenodera sinensis* Saussure

● 捕食中的察隅齿螳 *Odontomantis chayuensis* Zhang。螳螂是守株待兔型的捕食者，但像齿螳属这样的物种也会在一定范围内追击猎物，它们甚至能主动追击距离超过 50 cm 的猎物

伪装： 大多数螳螂都有着较好的保护色或结构上的拟态。保护色通常为近似所处环境的绿色或褐色，但也有如弧纹螳属 *Theopropus* 般的明暗相间模拟花丛阴影的保护色。螳螂的拟态则更加多样化，也伴随着更多的结构上的特

● 宽胸菱背螳 *Rhombodera latipronotum* Zhang 是一种在西双版纳地区常见的拟叶螳螂，它们翠绿色的保护色和前胸夸张的扩展，就像多数情况的活树叶一样，前胸扩展的边缘也圆滑规整

化。对于模拟绿叶的螳螂，常可见到前胸边缘规整的扩展物和宽阔的翅膀，用于模拟宽大的绿色叶片；而拟态枯叶的螳螂，这些扩展结构的边缘则常常呈撕裂状，以模拟破败枯叶的不规则边缘。除去树叶外，花朵、枝条、藤蔓、苔藓地衣等也均有与之拟

态的螳螂种类，一些螳螂还可能模拟砂砾、鸟粪，甚至有攻击性的蜂类和缺翅虎甲这样不适口的其他昆虫。同一种螳螂的不同发育阶段也可能会有截然不同的拟态对象：冕花螳 *Hymenopus coronatus* (Olivier) 的 1 龄若虫色调红黑相间并有光泽，是对小型蝽类的拟态，而它们长大后则拟态浅色的花朵。原螳族 Anaxarchini 的螳螂 1 龄若虫拟态蚂蚁，逐渐长大，它们则转变成绿色藏匿在叶片之间。

● 中南拟睫螳 *Parablepharis kuhlii asiatica* Roy 是生活在华南至东南亚地区的拟态枯叶的花螳，可以看到它们前胸背板的扩展物也像破损的枯叶那样有着撕裂状的边缘，身体颜色也是枯叶般的黄褐色

● 一些螳螂的若虫有拟态其他昆虫的现象，原螳族 Anaxarchini（左图）的低龄若虫拟态蚂蚁，而冕花螳 *Hymenopus coronatus* (Olivier)（右图）的 1 龄若虫则拟态有毒的蝽类

● 钩背枯叶螳 *Deroplatys desiccata* Westwood 的雄性成虫，和很多螳螂一样，平时它们有着很好的伪装，在遇到近距离的惊扰时会突然撑起身体展示后翅的亮紫色恐吓敌害

警戒： 一些螳螂在遇到威胁时会做出夸张的动作、展示鲜艳的色彩来恐吓敌害。这些动作通常包括展开前足、抬起并摇摆身体，对于后翅有鲜艳色彩的物种，通常还伴随着展翅的动作——这也是一些短翅物种翅保留下来的主要意义。螳属 *Mantis* 及静螳属 *Statilia* 等还会用腹部摩擦后翅来发出"嘶嘶"的声响。一些斧螳族 Hierodulini 及花螳族 Hymenopodini 的若虫在腹部也有特殊的色斑，这些色斑平时因腹板的遮挡而隐藏，在遇到惊扰时随腹部撑开而显露。

● 明端眼斑螳 *Creobroter apicalis* (Saussure) 的若虫，腹部鲜艳的色斑平时会因腹板的交叠遮挡而隐藏

繁殖: 成熟的雄性螳螂会遁寻雌性螳螂散发的信息素寻找配偶,而近距离则靠视觉相互识别。一些雄性螳螂在交配前会作出特殊的识别动作,以避免被雌性螳螂攻击。螳螂交配时间长短不一,从十几分钟到数小时不等。交配过程中,雄性螳螂即使被雌性啃食也能完成交配,但在自然环境中,食"夫"现象并不常见。在交配后,雄性通常会迅速离开,两性一生皆可多次交配。

● 交配中的广斧螳 *Hierodula patellifera* (Serville),雄性的头部及一部分前胸已经被雌性吃掉,但雄性螳螂依旧能完成此次交配

● 交配中的弧纹螳 *Theopropus* sp.,这个种的雌雄两性有着相当悬殊的体型差异

当腹中的卵发育成熟后,雌性螳螂便会产卵。绝大多数雌性螳螂会把卵产在树枝、树叶、草叶等植物性材料上,向阳面的墙壁上也被一些螳螂选作为产卵地;广缘螳属 *Theopompa*、石纹螳属 *Humbertiella*、金螳属 *Metallyticus* 等栖息在树干的螳螂会将螵蛸产在树皮缝隙之中;在冬季寒冷的北方,虹螳属 *Iris* 和静螳属 *Statilia* 会钻到岩石缝隙或石下产卵;生活在干燥的荒漠环境的铲螳属 *Rivetina* 及埃螳属 *Eremiaphila* 则能用腹部特殊的铲状结构挖掘地面并将螵蛸产在土中。雌性螳螂会一边排出泡沫一边把卵规则地产在特定的位置,并依靠尾须的摆动来感知螵蛸的形状。刚刚完成的螵蛸柔软而色浅,这个阶段泡沫层很容易受到破坏,在经过几个小时甚至一天的干燥硬化后,螵蛸才会最

● 产卵中的中华刀螳 *Tenodera sinensis* Saussure。进入产卵状态后，雌性螳螂便很难被打断，即使受到严重的骚扰

终定型。多数螳螂在产卵后会很快离开，不过部分属的物种可能会攀附在螵蛸上守护数天甚至更久。小丝螳属 *Leptomantella* 及细螳属 *Miromantis* 的物种常常会在同一处持续产卵并守候，即使若虫孵化，成虫也不会离开。

多数大型螳螂一年仅能完成一个生命周期，在北方通常秋季才能发育为成虫。热带地区分布的小型种则可能一年发生多代，没有明显的世代交替。在冬季寒冷的北方地区，多数螳螂都以螵蛸中的卵的形式越冬，但依旧有一些花螳科 Hymenopodidae 的物种以若虫形态或是兼有卵及若虫两种形态度过冬季。在新疆，浅色锥螳 *Empusa pennicornis* (Pallas) 以大龄若虫越冬，即使冬季温度会跌破 -20 ℃。在华南及西南冬季降雪的中高海拔山区，同样有很多螳螂以若虫形态越冬，它们在石下、落叶层或灌丛底部蛰伏，即使被皑皑白雪覆盖也不会冻死。这些越冬若虫在冬季到来之前便停滞发育，直到第二年温度适宜才开始继续蜕皮成长。在云南及海南等热带地区，一些螳螂也会以滞育若虫的形态度过干燥的旱季或气温稍低的冬季。

● 中华刀螳 *Tenodera sinensis* Saussure 的螵蛸，螵蛸可以保护其中的卵耐受至少 -40℃ 的低温

寄生性敌害： 除去小脊椎动物、胡蜂、蜘蛛等捕食者的威胁，螳螂还有着多类的专性寄生性敌害。长尾小蜂科 Torymidae 的螳小蜂属 *Podagrion* 及广腹细蜂科 Platygastridae 的嗜螳广腹细蜂属 *Mantibaria* 的物种会寄生螳螂卵，它们以细长的产卵器穿透螵蛸的泡沫层将卵产入螳螂的卵内，一些种甚至特化出攀附在螳螂身体上等待其产卵的习性。此外，螵蛸还可能受到鞘翅目昆虫螵蛸皮蠹 *Thaumaglossa* 的蛀食及真菌类的螳螂虫草 *Cordyceps mantidicola* 的寄生。

● 正准备向中华刀螳 *Tenodera sinensis* Saussure 螵蛸中产卵的螳小蜂 *Podagrion* sp.

线形动物门的索铁线虫属 Chordodes 的一些物种寄生于螳螂的若虫及成虫，螳螂因摄食携带有铁线虫幼虫的其他昆虫而受到感染，这些昆虫通常为幼期生活在水中的昆虫类群，如蜉蝣、石蛾、摇蚊等。铁线虫幼体在螳螂的消化道内发育并摄取营养长大；成熟后的铁线虫会诱导螳螂靠近水边，并从螳螂体内钻出，自由游动繁殖。铁线虫的寄生可能导致螳螂性征的模糊，造成鉴定上的误判。铁线虫寄生并不直接导致螳螂的死亡，一些螳螂也能在排出铁线虫后恢复并继续繁殖，但未能及时脱离水环境的螳螂依旧可能被淹死。除铁线虫外，双翅目寄蝇科 Tachinidae 的一些物种也可寄生螳螂；文献记录中螳螂亦有被捻翅目 Strepsiptera 昆虫寄生的记录。一些螳螂还可能受到虫霉目 Entomophthorales 真菌的寄生，在北方的刀螳属 Tenodera 中较为普遍。

● 感染虫霉目真菌而死亡的中华刀螳 Tenodera sinensis Saussure，这类寄生现象通常在北方较为普遍

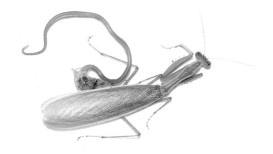

● 从褐缘原螳 *Anaxarcha graminea* Stål 体内钻出来的铁线虫，尽管铁线虫并不直接导致螳螂死亡，但一些未能及时离开水体的螳螂依旧可能被淹死

·采集、饲养及标本制作·

采集与饲养

相比多数昆虫类群，采集螳螂并不容易。有一定人为干扰的林缘地带相比天然林下更容易采到螳螂；此外，夜晚时通过灯诱采集也可较容易地采到多种螳螂，但通常仅能采集到雄性个体。扫网采集和震落法采集对螳螂同样有效，尽管效率通常不高：用捕虫网随机地扫过路边的植物，有时就能将隐藏其中的螳螂捕入网中；突然敲打灌丛也可能使螳螂被震落，但需要撑起一块白布来接纳震落的各种昆虫，并检查是否有螳螂混在其中。在扫网采集时要注意及时检查，以免在后续的挥扫动作中致伤螳螂。

● 在夜晚通过灯光诱捕是采集螳螂标本的重要方法，很多螳螂都在夜间活跃并有趋光性。但
  通常情况下，这种采集方法只能获得雄性样本，飞行能力较弱或丧失飞行能力的雌性则难以
  通过灯诱采集

　　近年，将螳螂作为宠物已大有流行之势。螳螂饲养简单，也可作科普教学之用。对于饲养螳螂，只需提供一个可攀爬的通风容器即可：可将塑料盒打孔，并在其内添加网纱来简易制作。提供网纱等可攀爬物是必要条件，否则螳螂很难顺利生活、蜕皮。螳螂为捕食性昆虫，可投喂活的面包虫、蟋蟀、蜚蠊等饲料昆虫，但应注意投喂食物昆虫的个体不宜过大；对于低龄或小型螳螂，可投喂果蝇饲养。饲养过程还需注意温度不宜过低，通常以 20～30 ℃度为宜；也应注意适当喷水加湿，以避免过于干燥导致螳螂蜕皮或羽化失败。

　　我们也可能在野外遇到螳螂的螵蛸，但注意，如若决定从螵蛸开始孵化饲养，那么要应对突然孵化大量若虫的棘手局面，没有经验和准备的饲养者常常很难应对，可能造成大量若虫死亡。螵蛸的来源如是本地收集，在正常的自然孵化期孵化的小若虫应及时放生，如若是越冬螵蛸被带入室内则可能导致在冬

季提早孵化，这时放生若虫也
不可行，因此没有足够的准备
和经验，不建议大家将野外的
螳蛸带回家饲养。另外还需注
意，如螳蛸的来源非本地，则
无论是否本地有分布的物种，
孵化的小螳螂均不应放生，否
则会造成对本地种群的影响；
如若非本地甚至非国产的物
种，更应杜绝放生。

● 在塑料盒内布置网纱即可做成简易的饲养容
器。注意空间不要过于狭小，应时常喷水以维
持湿度

标本制作

　　螳螂标本通常以干制标本
保存为主。首先，选择准备操
作的标本，清理标本表面的杂
物和污渍；对于腹部含较多内容物的个体，建议清除内脏以免腐烂。

　　因为螳螂的后翅常有一定的鉴定特征，因此建议至少展开一侧翅膀。对于
螳螂目昆虫而言，左右翅结构无异，因此并无方向性要求，可选择最完整、破
损度最小的一侧翅展开。将标本腹面向上放置在整姿板上，这样可确保展翅后
标本各结构在同一平面。拉开一侧翅膀，使后翅前缘垂直于身体，前翅后缘与
后翅前缘相切；注意，前后翅间不要叠压遮挡，并用硫酸纸压平固定。

　　固定好翅后，即可拉伸固定前足。对于短胸种类，前足可向前伸展，使得
前足与前翅无遮挡；对于长胸种类，前足可适当收缩贴近身体。用标本针固定
前足，使各节适度打开无遮挡，尽可能保持左右对称。之后调整中后足。对于
触角较长的种类，可将触角向身体后侧拉伸，以利于标本保存。

　　待标本干燥后，小心撤去标本针，选一根粗细适度的标本针，从背侧插入

标本的中胸至适当深度。传统上，螳螂目昆虫标本插针于前胸，但这样会造成前胸结构的破坏，因此建议插针于中胸位置，这也有助于标本重心的平衡。最后，在标本下插入标本采集签即算完成。采集签应至少包含采集地点、采集时间及采集人姓名，如条件允许，还应尽量加入海拔及经纬度等详细信息。完成的标本应放入密封的标本盒中保存，避免强光及受潮。

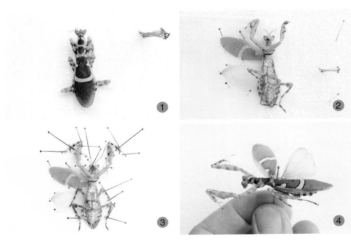

1. 取新鲜或软彻底的标本，清理干净，腹部鼓胀的个体建议清除内脏
2. 将标本腹面朝上固定在泡沫板上，拉开一侧翅膀并固定
3. 调整各足的姿态，尽可能使各足特征展露不遮挡
4. 干燥后的标本撤去标本针，并在中胸位置插入一根标本针固定，添加采集标签等相关信息

种类识别

Species Accounts

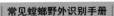

中国常见螳螂种类识别

本章节提供了中国 77 种相对容易遇见的螳螂图片及相关信息，依据常见程度划分出下面 5 个等级：

★ ☆ ☆ ☆ ☆	产地内依旧少见
★ ★ ☆ ☆ ☆	有记录省份内，在特定环境中偶见
★ ★ ★ ☆ ☆	有记录省份内，在特定环境中常见
★ ★ ★ ★ ☆	有记录省份内，各环境中偶见
★ ★ ★ ★ ★	有记录省份内，各环境中常见

本书将螳螂种类的生活环境划分为**林缘、农田、城市绿地** 3 个部分。仅见于天然林中或狭窄分布区内的物种并没有列入，尽管可能在当地环境中依旧常见。**林缘**指城市外的山区外围，包含公路边、森林公园步道等有人为痕迹的地方，对于新疆等荒漠灌丛环境，林缘未必特指有森林的地区；**农田**包含农村的各种耕种环境；**城市绿地**包含城市中的公园、广场，以及可能存在的自然荒地。本书 77 种螳螂，应包含大众读者在日常生活中所能遇见的种类，但对于多数读者而言，真正日常常见的螳螂可能仅有广斧螳、中华刀螳、狭翅刀螳、薄翅螳、棕静螳 5 种。

小丝螳科 Leptomantellidae

越南小丝螳 ★★★☆☆
Leptomantella tonkinae Hebard

若虫

体型非常纤细的小型螳螂，粉绿色或因被白粉而呈白色。成虫体长 3~4 cm。头小，口器稍向前，复眼卵圆形突出。前胸修长而纤细，背侧具 2 条黑色虚线状纵纹。前足纤细，内侧无斑，中后足无扩展物。两性翅均超过腹端，宽阔而透明，翅室较大；后翅无色。若虫非常纤细，腹部不上翘。螵蛸小型，常附着于叶背，泡沫层薄。雌性成虫会长期停留在同一片树叶下，会持续在同一片树叶上产下螵蛸。西南地区可能存在多种近似种。

生活环境：林缘。

成虫季节：全年可见。

分布：华南各省。

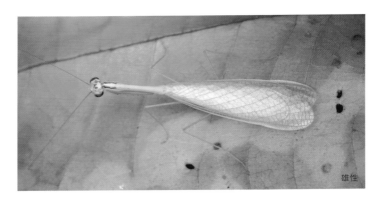

雄性

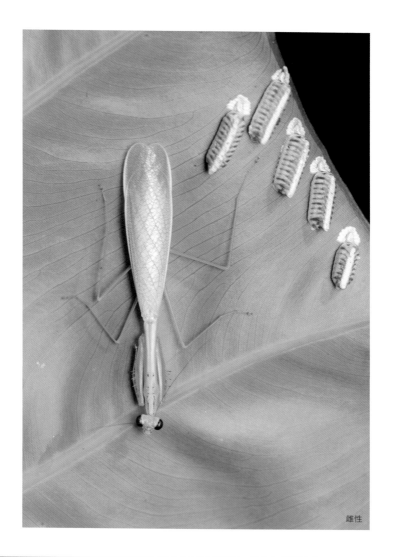

雌性

怪螳科 Amorphoscelidae

中华怪螳 ★★★★☆
Amorphoscelis chinensis Tinkham

雄性

栖息于树干的小型褐色螳螂。成虫体长约 3 cm。头宽于前胸背板，头后具明显瘤状突起，卡住前胸背板，复眼圆而隆起，触角丝状。前胸背板短小，长宽近等。前足细弱，股节仅具 1 枚中刺，胫节无刺；中后足修长，无扩展。前翅暗色，具深色斑纹，后翅无色透明；雌性翅长不及腹端。尾须末节宽大且扁平。若虫腹部不上翘。卵块小，分格明显，泡沫层薄。在西南地区被西南怪螳 *Amorphoscelis singaporana* Giglio-Tos 取代。怪螳属物种外形近似，需以解剖雄性外生殖器来区分。

生活环境：林缘、农田、城市绿地。

成虫季节：华南热带地区全年可见。华东地区成虫见于 7—11 月；卵越冬。

分布：华东至华南各省。

雌性

若虫

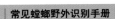

侏螳科 Nanomantidae

格氏透翅螳 ★ ★ ★ ★ ☆
Tropidomantis gressitti Tinkham

　　紧贴树叶活动的小型绿色螳螂。成虫体长 2～2.5 cm。头部口器向前，复眼卵圆形，凸出；头后稍隆起。前胸背板短宽，背侧中央具 1 条明显黄色纵线。前足内侧无斑纹。中后足细长无扩展。两性翅均超过腹端，无斑，近透明。若虫淡绿色近透明，沿背脊处具 1 条贯穿的黄线；身体扁平，腹部不上翘。螵蛸窄长，泡沫层薄。本种在华南南部地区很适应城市环境。

　　生活环境：林缘、农田、城市绿地。

　　成虫季节：全年可见。

　　分布：华南各省。

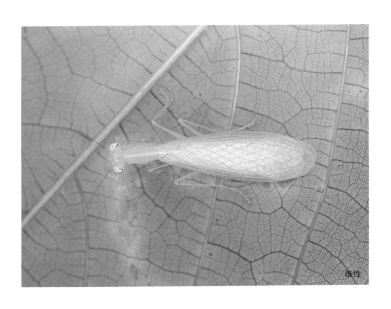

雌性

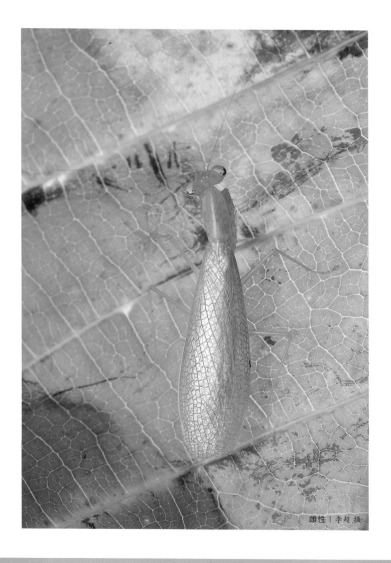

雌性 | 李超 摄

宽翅黎明螳 ★ ★ ★ ☆ ☆
Eomantis guttatipennis Stål

近似格氏透翅螳，同为紧贴树叶活动的小型绿色螳螂。成虫体长约 3 cm。头部口器向前，复眼卵圆形，凸出；头后稍隆起。前胸背板短宽，背侧中央具 1 条明显黄色纵线。前足内侧无斑纹。中后足细长无扩展。两性翅均超过腹端，前翅宽阔，翅室内具不透明浅斑。若虫淡绿色近透明；身体扁平，腹部不上翘。螵蛸非常窄长，两端尖细近丝状，泡沫层薄。

生活环境：林缘。

成虫季节：全年可见。

分布：云南。

若虫 | 张嘉致 摄

雄性

雌性

齿华螳 ★★★★☆

Sinomantis denticulata Beier

　　紧贴树叶活动的、柔弱的小型黄褐色螳螂，少数个体沿前翅纵脉具深色纹。成虫体长约 3 cm。头部口器向前，复眼卵圆形，凸出；头后稍隆起。前胸背板细长，侧缘具不明显的细齿。前足内侧无斑纹；中后足细长无扩展。两性翅均超过腹端，几乎无斑，近透明。若虫淡绿色或淡黄褐色，近透明；身体扁平，腹部不上翘。螵蛸细长，泡沫层薄，以1根丝状线悬吊于附着物之上。

　　生活环境：林缘、农田、城市绿地。

　　成虫季节：全年可见。

　　分布：华南各省。

雌性

若虫 | 李超 摄

雄性

二斑彩螳 ★★☆☆☆

Pliacanthopus bimaculatus (Wang)

　　紧贴树叶活动的小型黄绿色螳螂。成虫体长 2~3 cm。头部口器向前，复眼卵圆形，凸出；头后稍隆起。前胸背板细长，侧缘细齿不明显。前足内侧无斑纹。中后足细长无扩展。两性翅均超过腹端，几乎无斑，近透明，但前翅前缘域黄色且不透明。尾须末节扁而延长。若虫淡绿色或淡黄褐色，具红褐色斑点，近透明；身体扁平，腹部不上翘。

　　生活环境：林缘。

　　成虫季节：全年可见。

　　分布：云南。

雄性

云南细螳 ★★★☆☆
Miromantis yunnanensis (Wang)

　　紧贴叶片生活的、纤细的黄绿色螳螂。成虫体长约 2 cm。头部口器向前，复眼卵圆形，凸出；头后稍隆起。前胸背板细长，侧缘近光滑。身体具不明显的淡褐色斑纹。前足胫节外列刺基部两枚远离；中后足细长无扩展。雄性翅超过腹端，雌性稍短；翅透明，前翅前缘域无加厚区域。若虫黄绿色近透明；身体细长，腹部不上翘。螵蛸短小，两侧无延伸物。雌性几乎一生都不离开栖息的叶片，它们会持续在同一片树叶上产下螵蛸，可多达 10 枚。

　　生活环境：林缘。

　　成虫季节：全年可见。

　　分布：云南。

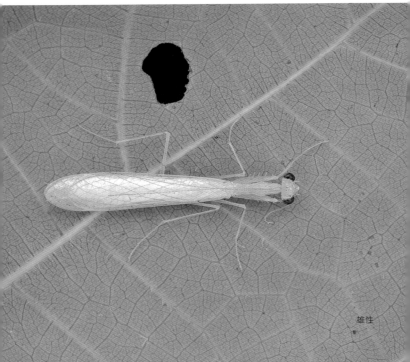

雄性

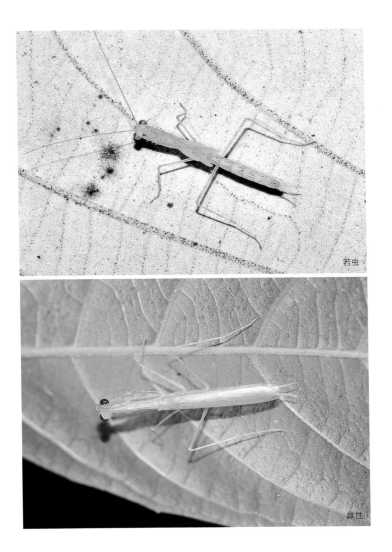

若虫

雌性

云南矮螳　★★★☆☆
Nanomantis yunnanensis Wang

紧贴叶片生活的、纤细的绿色螳螂。成虫体长约 2 cm。头部口器向前，复眼卵圆形，凸出；头后稍隆起。前胸背板细长，侧缘近光滑。身体无明显斑纹。自基部向端部，前足胫节外列刺第 2 枚长于第 3 枚；中后足细长无扩展。雄性翅超过腹端，雌性稍短，或不及腹端；翅透明，前翅前缘域无加厚区域。若虫淡绿色近透明；身体细长，腹部不上翘。

生活环境：林缘。

成虫季节：全年可见。

分布：云南。

雌性

©雄佳

中华柔螳 ★★★★☆
Sceptuchus sinecus Yang

活动在灌丛叶面的、纤细的黄绿色螳螂。成虫体长约 2 cm。头部口器稍向前，复眼卵圆形，凸出；头后稍隆起。前胸背板细长，侧缘近光滑。身体无明显斑纹。前足胫节外列刺基部 2 枚远离；中后足细长无扩展。雄性翅超过腹端，雌性不及腹端；翅透明，前翅前缘域无加厚区域。若虫淡绿色近透明；身体细长，腹部不上翘。中国东部地区被鉴定为柔螳属的标本的雄性外生殖器与西南地区的矮螳属标本十分相似，这两个属的关系可能尚待商榷。

生活环境：林缘、农田。

成虫季节：7—10 月。

分布：华东及华南各省。

雄性 | 李晨亮 摄

跳螳科 Gonypetidae

绿脉虎甲螳 ★★☆☆☆
Tricondylomimus mirabiliis Beier

若虫

活跃在树木枝干处的小型螳螂，体小但强壮。成虫体长 2~3 cm。头部显著较大，宽于身体，复眼卵圆形隆起。前胸背板稍短。前足跗节长于前足胫节；中后足修长，后足长于躯干。两性均为短翅，翅稍及腹部末端。通体褐色，具黄绿色不规则斑纹，前翅翅脉绿色。螵蛸短小，末端顶部具一尖细的延长物。尽管同为占据树干生态位的螳螂，但绿脉虎甲螳并不会像其他树干螳螂那样紧密贴服在树皮上，遇到惊扰它们会围着树干迅速逃走。

生活环境：林缘

成虫季节：7—12 月。

分布：华南各省。

雌性

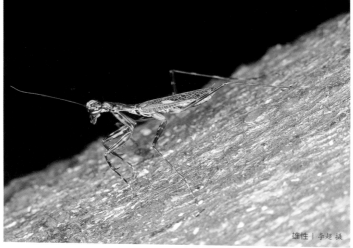

雄性 | 李超 摄

顶瑕螳 ★★★☆☆
Spilomantis occipitalis (Westwood)

若虫 | 郑昱辰 摄

栖息于低矮植物叶片之上的、灵敏的小型黑褐色螳螂。成虫体长 2~3 cm。复眼圆形隆起，头顶光滑。触角丝状，较粗，褐色且具白色间段（少数个体触角完全褐色）。前胸背板较短，横沟处扩展明显，具暗色斑纹。前足较小，浅色具黑褐色不规则斑纹；中后足细长，无扩展物。两性翅均超过腹端，前翅狭长，近透明，翅室较大且规则；后翅无色透明，具虹彩。若虫蚁状，腹部不上翘。螵蛸小型，黄褐色，泡沫层薄，末端顶部具一尖细延伸物。两性成虫均灵敏善飞。

生活环境：林缘、农田。

成虫季节：几乎全年可见。

分布：华南各省。

雌性

雌性

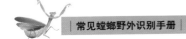

名和小跳螳 ★★★☆☆
Amantis nawai (Shiraki)

　　生活在落叶层的小型褐色螳螂。成虫体长 1~1.5 cm。头顶平滑，复眼卵圆形隆起。前胸背板短而较宽，中脊常具一条纵向黑线。前足股节宽大，近三角形；中后足细长无扩展。雌性短翅，雄性翅多型，短或发达；长翅型前翅透明，翅室大，后翅无色透明。若虫腹部不上翅。螵蛸甚小，常产于落叶之上。小跳螳属物种间的关系尚待修订，华南地区的个体可能应属于罗浮小跳螳 *Amantis lofaoshanensis* Tinkham,1937。

　　生活环境：林缘、农田

　　成虫季节：全年可见。

　　分布：华东、华南各省。

雄性｜汤亮 摄

雌性 | 汤亮 摄

胡佳耀 摄

五指山小跳螳 ★★☆☆☆
Amantis wuzhishana Yang

近似名和小跳螳，但体型稍大。成虫体长约 1.5 cm。生物学特征与名和小跳螳相同。

生活环境：林缘。

成虫季节：全年可见。

分布：海南。

雌性

雄性

长翅小跳螳 ★★☆☆☆
Amantis longipennis Beier

雌性

　　近似名和小跳螳，但体型稍大，体色较浅。成虫体长约 1.5 cm。两性均长翅。生物学特征与五指山小跳螳相同。

　　生活环境：林缘、农田。

　　成虫季节：全年可见。

　　分布：云南。

雄性

布氏跳螳 ★★☆☆☆
Gonypeta brunneri Giglio-Tos

　　生活在落叶层的小型褐色螳螂。成虫体长约 2 cm。头顶平滑，复眼卵圆形隆起。前胸背板短而较宽。前足股节宽大，近三角形。中后足细长无扩展。雌性短翅。雄性长翅，前翅不透明，翅室不规则；后翅无色透明或稍带烟色。若虫腹部不上翅。螳蛸较小，末端顶部具尖锐的延伸物。

　　生活环境：林缘。

　　成虫季节：全年可见。

　　分布：海南。

雄性

雌性

中南捷跳螳 ★★☆☆☆
Gimantis authaemon (Wood-Mason)

雄性

  栖息在树干处的中小型的"树皮螳螂",紧贴树皮活动。体褐色,具不规则暗色斑纹。成虫体长约 3 cm。头顶平滑,复眼卵圆形隆起。前胸背板短而较宽,横沟处显著宽阔。前足股节宽大,近三角形,内侧具黑色斑;中后足细长无扩展。雌性短翅,前翅不透明,达腹部中部;后翅橘黄色。雄性长翅,前翅不透明;后翅宽大,无色透明。若虫腹部不上翘。螵蛸块状,常产在树皮缝隙间。

  生活环境:林缘。

  成虫季节:7—12 月。

  分布:云南。

雌性

那大石纹螳 ★★☆☆☆
Humbertiella nada Zhang

雌性 + 吴超 摄

体态扁平的中型"树皮螳螂",紧贴树干活动。成虫体长 3~4 cm。头略宽于前胸背板,复眼隆起。前胸背板略成方形,短宽。前足内侧无明显斑纹;中后足股节无扩展。两性翅均不及腹端,前翅不透明,褐色具深色不规则斑纹。两性后翅均为紫黑色,具光泽。腹部腹板侧缘具叶状扩展。若虫褐色扁平,腹部不上翘。螵蛸块状,黄褐色,产于树皮缝隙间。

生活环境:林缘、农田。

成虫季节:全年可见。

分布:海南。

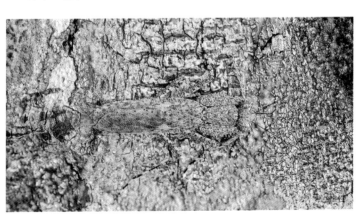

若虫

雌性 王志良 摄

宽斑广缘螳 ★★☆☆☆
Theopompa cf. *ophthalmica* (Olivier)

体态扁平的大型褐色螳螂，紧贴树干活动。成虫体长 5~6 cm。头略宽于前胸背板，复眼隆起。前胸背板略成方形，短宽。前足股节内侧具明显的黑色斑纹；中后足股节无扩展。两性异型显著。雌性短翅，前翅不透明，褐色具深色不规则斑纹；后翅紫黑色具光泽。雄性翅显著长于腹端，前翅前缘域十分宽阔，半透明，后翅烟黑色。腹部腹板侧缘具叶状扩展。若虫褐色扁平，腹部不上翘。螵蛸块状，黄褐色，产于树皮缝隙间。亚洲南部的广缘螳属 *Theopompa* 鉴定尚有诸多问题，本属物种可能随苗木移植而扩散。

生活环境：林缘。

成虫季节：全年可见。

分布：西南各省、台湾、海南。

雄性

雌虫

雌性

雄虫

七刺闽螳 ★★★☆☆
Mintis septemspina Yang

雄性

体态扁平的中型"树皮螳螂"，紧贴树干活动。成虫体长 4～4.5 cm。头略宽于前胸背板，复眼隆起。前胸背板略成方形，短宽。前足股节内侧具明显的黑色斑纹；中后足股节无扩展。两性异型显著。雌性短翅，前翅不透明，褐色具深色不规则斑纹；后翅紫黑色具光泽。雄性翅稍长于腹端，前翅前缘域十分宽阔，半透明，后翅烟黑色。腹部腹板侧缘具叶状扩展。若虫褐色扁平，腹部不上翘。螵蛸块状，黄褐色，产于树皮缝隙间。

若虫

闽螳属 *Mintis* 与广缘螳属 *Theopompa* 几乎没有区别；原描述中，下生殖板缺刺的属征为标本缺损的误判。二者关系尚待进一步研究。

生活环境：林缘。

成虫季节：8—11月。

分布：福建。

雌性

角螳科 Haaniidae

美丽艳螳　★★☆☆☆
Caliris melli Beier

中小型的鲜绿色螳螂，栖息于灌丛叶片之上。成虫体长 3~4 cm。头三角形，复眼卵圆形，稍隆起；头部无角状结构。前胸延长，横沟处稍扩展。前足股节外列刺显著较长，胫节第 1 外列刺长于第 2~4 外列刺；中后足修长，无扩展物。雌性短翅，不及腹部末端，前翅前缘域较宽；后翅白色，稍带粉红色，外缘具黄黑色斑纹。雄性长翅，后翅无色透明。若虫细长，绿色，腹部不上翘。螵蛸近圆形，明黄色。

生活环境：林缘。

成虫季节：7—11 月。

分布：华南各省。

雄性

雌性

雌性

淡色缺翅螳 ★★☆☆☆
Arria pallidus (Zhang)

中小型的黄褐色螳螂。成虫体长约
3 cm。复眼卵圆形稍隆起。头后部具瘤
状突起，前胸背板细长，与前足股节长
度近等；雌性稍粗壮，雄性瘦长，表面
具粒突。中后足细长，无扩展物。两性
翅显著异型：雌性完全无翅。雄性翅发
达，远超过腹端；前翅狭长，顶端较尖，
后翅宽大，无色透明。雌性腹部第 3 节、
第 4 节背侧具小的叶状扩展，肛上板较
长。若虫腹部不上翘，雌性大龄若虫与
成虫不易区分。螵蛸小型、泡沫层较薄。

生活环境：林缘。

成虫季节：6—10 月。

分布：云南。

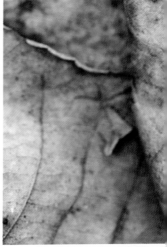

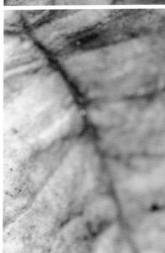

雄性

雌性

斑点缺翅螳 ★★☆☆☆
Arria stictus (Zhou & Shen)

  与淡色缺翅螳近似，但体色较深。成虫体长约 3 cm。雄性前翅具明显斑点，其余区别在于雄性下阳茎叶端突的结构差异。

  生活环境：林缘。

  成虫季节：雌性成虫寿命较长，全年可见；雄性成虫集中出现在 7—9 月。

  分布：华东各省。

雌性

雄性

格华缺翅螳 ★★☆☆☆
Sinomiopteryx grahami Tinkham

雌性

　　中小型的褐色螳螂。成虫体长约 3 cm。复眼卵圆形稍隆起，头后部具瘤状突起。前胸背板细长，与前足股节长度近等；雌性稍粗壮，雄性瘦长，表面具显著的粒突。中后足细长，无扩展物。两性翅显著异型，雌性完全无翅。雄性翅发达，远超过腹端；前翅宽阔，翅室不规则，顶端宽且圆钝，后翅宽大，无色透明。雌性腹部第 3 节、第 4 节背侧具小的叶状扩展，肛上板较长。螵蛸小型，泡沫层较薄。

　　生活环境：林缘。

　　成虫季节：雌性成虫寿命较长，全年可见；雄性成虫集中出现在 7—9 月。

　　分布：四川及周边省份。

雄性 | 宾枫 摄

海南角螳 ★★★☆☆
Haania hainanensis (Tinkham)

若虫

小型的"苔藓螳螂"，黄褐色或偏绿的苔藓色。成虫体长约 2 cm。复眼卵圆形，后侧具显著的耳状扩展物。前胸背板较短，横沟处宽阔，背侧近腹端具帆状扩展；前胸具显著的粒突及小棘。前足股节稍长于前胸背板，前足胫节刺稀疏，端爪背侧具 1 枚背刺。中后足细长。两性翅均发达，雌性翅稍达腹端，雄性较长。前翅不透明，后翅透明无色。螵蛸小型，仅具 4~8 枚卵，泡沫层很薄。若虫与成虫近似，腹部不上翘。海南角螳的雄性外生殖器反向，这也是中国目前所知的唯一一种雄性外生殖器反向的螳螂。Beier (1952) 将本种列为 *Haania vitalisi* Chopard 的异名，但二者雄性外生殖器差异显著。

生活环境：林缘。

成虫季节：全年可见。

分布：海南。

雌性

雄性

铆螳科 Rivetinidae

短翅搏螳　★★★☆☆
Bolivaria brachyptera (Pallas)

若虫 / 王瑞 摄

中型但粗壮的短翅螳螂，黄褐色具不规则深色斑点。成虫体长 4~5 cm。头顶平滑，复眼卵圆形。前胸背板粗壮，横沟处较宽阔，沟后区边缘具明显齿突。前足粗壮，内侧无斑；中后足无扩展。两性均为短翅、前、后翅与前胸背板近等长。前翅卵圆形，臀域发达，黑褐色；后翅淡褐色边缘深色，中域末端具 1 条深色横带。腹部长筒形。若虫腹部不上翘。螵蛸块状，黄褐色，泡沫层较薄。

生活环境：林缘。

成虫季节：6—9 月。推测以卵越冬。

分布：仅见于新疆。

雄性

雄性

云南惧螳　★★☆☆☆

Deiphobe yunnanensis Tinkham

　　黄褐色至褐色的中大型螳螂，地栖或栖息于灌丛间，荒地种。成虫体长 5～7 cm。复眼卵圆形，头顶较圆润。前胸窄长，长于前足股节，具粒突。中后足修长无扩展物。两性翅异型，雌性短翅，翅仅达腹部的 1/3 长度；前翅臀域紫黑色且具光泽，后翅黄褐色，具深色斑。雄性长翅，但稍不及腹端；前翅前缘域绿色，后翅宽阔烟褐色，端部具浅色斑。若虫黄褐色，腹部不上翘。螵蛸大型，泡沫层厚，绿色。Schwarz 等在 2018 年将本种列为尼泊尔惧螳 *Deiphobe mesomelas* (Olivier, 1792) 的异名，但二者雄性外生殖器有一定差异，后者可见于西藏南部地区。

　　生活环境：林缘。

　　成虫季节：4—9 月。

　　分布：云南、四川。

雄性

雌性

埃螳科 Eremiaphilidae

芸芝虹螳 ★★★★★
Iris polystictica Fischer-Waldheim

　　体态匀称的中小型螳螂，仅见于西北荒漠地区。体绿色或黄褐色。成虫体长 3～4 cm。头近三角形，无角。前胸背板侧缘至腹部侧缘浅色。前胸背板修长。前足内侧无斑纹。两性翅异型：雌性短翅，不及腹部末端；雄性长翅。前翅无斑纹，不透明；后翅鲜艳，橘黄色且具大面积色斑，臀域基部黑褐色。若虫腹部不上翅。螵蛸小型，泡沫层薄，常产于石隙中。在更靠东部的地区被体型更小的榆林虹螳 *Iris yulinica* Yang, 1999 取代，但这个种很可能是蒙古虹螳 *Iris polystictica mongolica* Sjostedt, 1932 的异名。

　　生活环境：林缘、农田、城市绿地。

　　成虫季节：8—10 月。卵越冬。

　　分布：新疆。

雌性 | 王志良 摄

雌性 | 王瑞 摄

箭螳科 Toxoderidae

梅氏伪箭螳 ★☆☆☆☆
Paratoxodera meggitti Uvarov

雄性

　　罕见的枯枝样螳螂，但在中国的 4 种箭螳族物种中相对多见。体长 8~9 cm。头窄三角形，复眼端部具刺状突起。前胸背板长而直，基部背侧具一帆状扩展。前足修长，刺细而多。中后足股节背腹侧均具扩展物，胫节细长。翅透明，无斑纹；不及腹部末端。腹部窄而长，第 5~6 节背侧具叶状扩展；腹侧第 2~5 节具较小的扩展物；尾须短而宽阔，扁平，末端无缺刻。若虫近似成虫。螵蛸小型，仅含少数卵粒。

　　生活环境：林缘、农田。

　　成虫季节：9—11 月。

　　分布：云南。

雄性

锥螳科 Empusidae

浅色锥螳 ★★★☆☆
Empusa pennicornis (Pallas)

　　修长的中型黄绿色螳螂，身体具明暗相间的斑驳色彩。成虫体长5～6 cm。复眼卵圆形，隆起，头顶具一锥状突起；雄性触角粗壮双栉状，雌性较短，正常，前胸背板修长，横沟处宽阔，较光滑。前足股节短于前胸背板；中后足修长，股节端部具一半圆形扩展。前翅无斑，半透明；后翅无色透明。腹部窄长。若虫近似成虫，腹部上翘。螵蛸小型，泡沫层薄，侧面具花边状附属物，端部具丝状物。

　　生活环境：林缘、农田。

　　成虫季节：5—7月可见。若虫越冬。

　　分布：新疆。

若虫｜王瑞祥

雄性

雄性

花螳科 Hymenopodidae

天目山原螳　★★★☆☆
Anaxarcha tianmushanensis Zheng

通体绿色的中小型螳螂。成虫体长约 4 cm。头顶具不明显小角，复眼卵圆形突出。前胸细长，长于前足基节，边缘具细齿。前足无扩展物，内侧无斑；中后足细长，股节无叶状扩展。两性翅均超过腹端，纯色无斑纹，后翅透明或翅脉稍带淡紫色。低龄若虫蚁状，大龄若虫绿色，腹部不上翘。螵蛸中小型，块状，泡沫层较厚。华东及华南各省后翅无红色的原螳应皆为此种。

生活环境：林缘。

成虫季节：7—10 月。卵越冬。

分布：华东及华南各省。

雌性

雌性

褐缘原螳 ★★★☆☆
Anaxarcha graminea Stål

雌性

　　与天目山原螳近似，但体型稍小。成虫体长 3 ~ 4 cm。后翅无色透明或翅脉稍带红色，但不成色斑。本种模式产地为印度大吉岭，参考临近的阿萨姆地区标本，与国内标本无显著差异。亚洲南部大陆的标本曾被鉴定为 *Anaxarcha limbata* Giglio-Tos (Mukherjee et al. 1995；Zhu et al. 2012)，依 Shcherbakov 和 Anisyutkin 2018 修订为此学名。

　　生活环境：林缘。

　　成虫季节：全年可见。

　　分布：西南低海拔地区。

雄性

中华原螳　★★★☆☆
Anaxarcha sinensis Beier

　　通体绿色的中小型螳螂。成虫体长约 4 cm。头顶具不明显小角，复眼卵圆形突出。前胸细长，边缘具明显黑色。前足无扩展物，内侧无斑；中后足细长，股节无叶状扩展。两性翅均超过腹端，纯色无斑纹，后翅透明但翅室内具明显的粉红色，翅基部粉红色浓郁，翅室内呈浅色斑状。低龄若虫蚁状，大龄若虫绿色，腹部不上翅。螵蛸中小型，块状，泡沫层较厚。与天目原螳相似，但前翅边缘无灰褐色，后翅粉红色可以轻易区分。

若虫 | 汤亮 摄

　　生活环境：林缘、农田。

　　成虫季节：7—10 月。卵越冬。

　　分布：华中、华东及华南各省。

雌性

沟斑原螳　★★★☆☆
Anaxarcha acuta Beier

雌性

　　通体深绿色的中小型螳螂。成虫体长 4~5 cm。头顶具不明显小角，复眼卵圆形突出。前胸细长，边缘无明显黑色。前足股节内侧，近爪沟处具 1 个显著黑色斑；中后足细长，股节无叶状扩展。两性翅均超过腹端，纯色无斑纹，后翅透明，翅脉浅色。低龄若虫蚁状，大龄若虫绿色，腹部不上翘。螵蛸中小型、块状、泡沫层较厚。

　　生活环境：林缘。

　　成虫季节：6—9 月。

　　分布：西藏、云南西部。

雌性

雄性

中华齿螳　★★★★☆
Odontomantis sinensis Giglo-Tos

　　身体结构紧凑的小型绿色螳螂。成虫体长约 2 cm。复眼卵圆形，复眼内侧具 1 个小突起。前胸背板略短于前足基节，扁平而宽阔。前足内侧无斑纹；中后足细长，光滑无突起。两性翅均不及或稍及腹端，前翅不透明，短而较宽，翅室密集；后翅橘黄色，端部暗色。低龄若虫拟态蚂蚁，大龄后绿色，腹部不上翘。螵蛸小型，块状，泡沫层较厚。本种模式产地为秦岭地区，仅分布于华中地区，华南及华东记录应为误定。

　　生活环境：林缘、农田。

　　成虫季节：8—10 月。卵越冬。

　　分布：华中各省。

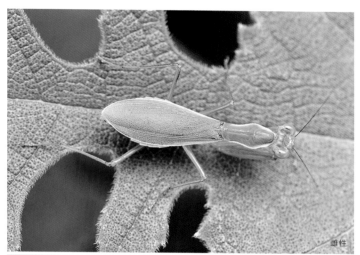

雌性

若虫

察隅齿螳　★★★☆☆
Odontomantis chayuensis Zhang

雌性

若虫

　　近似中华齿螳，体型稍修长，两性翅均长及腹端。成虫体长约 2 cm。仅见于西藏东南部地区，分布海拔约 2 000 m。

　　生活环境：林缘、农田。

　　成虫季节：7—10 月。卵越冬。

　　分布：西藏。

雄性

长翅齿螳 ★★★☆☆
Odontomantis longipennis Zhang

　　身体结构紧凑的小型绿色螳螂。成虫体长 2~2.5 cm。复眼卵圆形，复眼内侧具 1 个小突起。前胸背板略短于前足基节，扁平而宽阔。前足内侧无斑纹；中后足细长，光滑无突起，背侧具 1 条贯穿黑线。两性翅均长过腹端，前翅不透明，翅室密集；后翅橘黄色。低龄若虫拟态蚂蚁，大龄后绿色，腹部不上翘。螵蛸小型，块状，泡沫层较厚。

　　生活环境：林缘、农田。

　　成虫季节：无明显季节性，华南各省全年可见。若虫越冬。

　　分布：华东至华南各省。

雌性

雄性

海南齿螳 ★★★★☆
Odontomantis hainana Tinkham

雄性

近似长翅齿螳，但身体侧缘具鲜明的黄色。成虫体长 2~2.5 cm。前翅占身体比例较短，后翅橘红色。齿螳属在中国包含较多近似种，西部及西南地区的本属物种较难区分。若虫及螵蛸情况同长翅齿螳。

生活环境：林缘。

成虫季节：全年可见。

分布：海南。

雌性

冕花螳 ★★☆☆☆
Hymenopus coronatus (Olivier)

两性显著异型的著名花螳，不会被认错。雄性个体中小型，黄褐色；雌性大型，整体白色，前胸、翅基部及中部具褐色斑或纹路。雄性成虫体长 2.5～3 cm，雌性成虫体长约 7 cm。复眼长卵型，顶部锥状。头顶具角状突起。前胸背板短小，卵圆形。前足远长于前胸背板，胫节刺列密集；中后足稍短，股节具宽大的半圆形扩展。两性翅均长过腹端，雄性后翅透明、雌性白色或黄白色。若虫腹部上翘；1 龄若虫红黑相间，拟态蝽类，2 龄起逐渐转为白色，花朵状。若虫同龄期内，体色可在白色至粉色间转换；新羽化成虫亦常带粉色。螵蛸较大，长条形，泡沫层较厚，端部具涂抹状附属物。

生活环境：林缘。

成虫季节：3—10 月。

分布：云南。

雄性

雌性

若虫

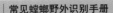
中华弧纹螳 ★★☆☆☆
Theopropus sinecus sinecus Yang

　　具明暗相间斑纹的中大型花螳。雄性成虫体长约 3 cm，雌性成虫体长约 5 cm。头顶具锥状突起，复眼锥形。前胸背板短而宽阔，横沟处扩展明显，使前胸背板呈三叶草形。前足基节明显长于前胸背板，具齿突，前足胫节槽内具黑色横纹；中后足股节端部具扩展。两性翅均超过腹端，前翅基部具 1 个白斑，中部具黄白色横带，边缘具黑色轮廓。后翅色彩均一，雌性白色或黄色；雄性橘红色透明。雌性腹部宽大，腹板具小的叶状突起，雄性腹部狭长。若虫粉绿色，腹部上翘，腹部背面具眼状斑。卵块粗长条形，泡沫层薄。海南分布的弧纹螳尽管结构上与中华弧纹螳无异，但体色浓绿，前翅基部斑小或缺失，横带极窄，故而被作为一个岛屿亚种：琼崖弧纹螳 *Theopropus sinecus qiongae* Wu & Liu。

　　生活环境：林缘。

　　成虫季节：8—11 月。若虫或卵越冬。

　　分布：华南各省。

雌性

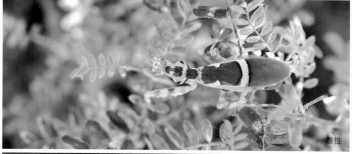

雌性

若虫

透翅眼斑螳 ★★★★☆
Creobroter vitripennis Bei-Beier

　　有明暗相间斑纹的中小型绿色螳螂。成虫体长约 4 cm。头顶具小角，复眼锥形突出。前胸背板短，近菱形，边缘具细齿。触角丝状，但雄性显著粗壮。前足内侧无斑纹；中后足股节端部具 1 节小扩展。两性翅均超过腹端，雄性尤甚。前翅绿色，翅基部具 1 个小白斑，但在雄性中有时消失；近中部有 1 个大块白斑，白斑中心具黑色斑点（少数个体消失），外缘具黑色弧线，使得整体呈眼斑状。雌雄后翅前缘域及中域红色，臀域烟黑色；雄性配色相同但色调较淡，近透明。若虫腹部上翘，腹部背面具眼状斑。卵块细长条形，泡沫层薄，坚硬不松软。模式产地为福建的云眼斑螳 *Creobroter nebulosa* Zheng, 1988 可能是本种的异名，二者特征在分布区内有明显的过渡；云眼斑螳的模式系列标本混有他种。

　　生活环境：林缘、农田。

　　成虫季节：7—11 月。若虫或卵越冬。

　　分布：华中、华南各省。

雌性

雄性

明端眼斑螳　★★★★☆
Creobroter apicalis (Saussure)

若虫

近似透翅眼斑螳，成虫体长约 4 cm。但前胸背板侧缘齿突显著，沟前区背侧具明显颗粒。两性后翅色彩较透翅眼斑螳更加鲜艳。若虫及螵蛸特征与透翅眼斑螳近似。

Schwarz 等 2018 年将模式产地为锡金，记录于西藏南部的长翅眼斑螳 *Creobroter elongata* Beier 列为本种的异名，但参考地模标本，二者生活时体色能明显区分，且后者雄性前翅基部无白斑。

生活环境：林缘、农田。

成虫季节：全年可见。

分布：云南。

雄性

雌性

雌性

江西眼斑螳 ★★★☆☆
Creobroter jiangxiensis Zheng

与透翅眼斑螳近似，但体色更加浓郁。前翅眼状斑边缘黑线粗大；雄性后翅粉红色，无烟黑色区域。若虫及螵蛸与透翅眼斑螳近同。成虫体长约 4 cm。本种外形与透翅眼斑螳近似，但前翅眼状斑边缘黑线粗重，雄性后翅无烟黑色区域，仅粉红色。模式产地不清的丽眼斑螳 *Creobroter gemmata* (Stoll, 1813) 被广泛记录于亚洲各地。但分布在中国东部地区的，雄性后翅无烟色斑的眼斑螳与分布在热带亚洲有这样特征的眼斑螳标本有较明显的差异；华东至华南地区的这一类型的眼斑螳可能应使用 *C. jiangxiensis* Zheng, 1988 这一学名。江西眼斑螳的原始描述中，雄性腹部宽阔及后翅无色等描述，应为标本保存不当、腹部遭受挤压及标本褪色所致。

生活环境：林缘。

成虫季节：7—11 月。若虫或卵越冬。

分布：华东及华南各省。

雄性

雌性

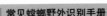
中南拟睫螳　★★☆☆☆
Parablepharis kuhlii asiatica Roy

雄性

　　大型的枯叶状花螳，黄褐色至近黑色。成虫体长 6~7 cm。头顶具显著
的锥状突起。前胸背板长于前足股节，粗壮，侧缘具不规则扩展。前足基节
背侧具显著的齿突；中后足股节腹缘具不规则扩展物。两性翅异型，雄性前
翅窄长，显著超过腹端，沿径脉具黑色纹路，后翅宽阔烟褐色；雌性前
翅短而不透明，后翅黑褐色。雌性腹部宽阔，侧缘具扩展。若虫腹部上翘，
枯叶状。螵蛸产于叶片背面，黄褐色，块状，末端具不规则的涂抹状延伸物。

　　生活环境：林缘。

　　成虫季节：全年可见。

　　分布：云南、广东、广西、海南。

雌性

若虫

雌性 | 李超 摄

中华屏顶螳 ★★★☆☆
Phyllothelys sinense (Ôuchi)

中大型的褐色螳螂，枯枝状。成虫体长 5~6 cm。复眼卵圆形，头顶具发达的叶状突起。触角丝状，雄性较粗。前胸背板细长，横沟处稍扩展。前足基节内侧红褐色，股节具明显的黑色斑纹；中后足股节具明显叶状扩展，扩展边缘不规则。两性翅均超过腹端，雌性前翅中部具不规则黑色斑，后翅黄色；雄性前翅斑不明显，后翅透明，稍带黄色。若虫腹部上翘。螵蛸小型，泡沫层较薄，常常紧贴树枝，不易发现。

生活环境：林缘、农田。

成虫季节：6—10 月。若虫或卵越冬。

分布：华东各省。

雄性

雌性

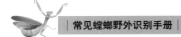
陕西屏顶螳　★★☆☆☆
Phyllothelys shaanxiense (Yang)

　　近似中华屏顶螳，但体型稍修长，雄性头顶角状物显著较长。成虫体长
5~6 cm。

　　生活环境：林缘。

　　成虫季节：7—10 月。若虫越冬。

　　分布：陕西、四川。

雌性

魏氏屏顶螳 ★★☆☆☆
Phyllothelys werneri Karny

近似中华屏顶螳，但体型显著修长，雄性头顶角状物显著较长。成虫体长 5~6 cm。前足基节内侧近黄褐色。腹部侧缘具明显扩展物。

生活环境：林缘。

成虫季节：6—10 月。若虫越冬。

分布：华南各省。

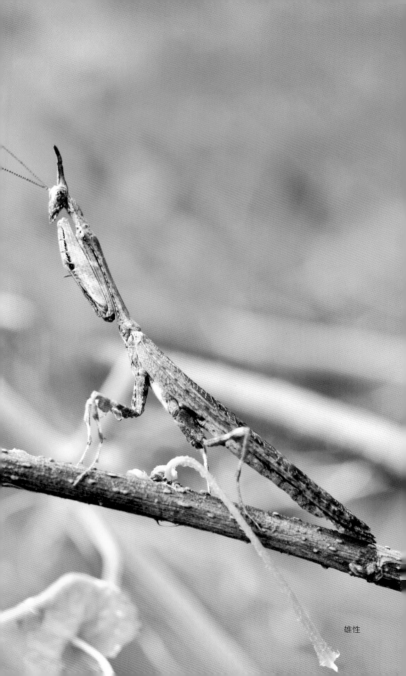

雄性

角胸屏顶螳　★☆☆☆☆
Phyllothelys cornutum (Zhang)

雄性

　　独特的绿褐色屏顶螳。成虫体长 5~6 cm。头顶角状突起侧缘具齿。前胸背板狭长，横沟处两侧具角状扩展。前足内侧黄褐色，股节具黑褐色条纹；中后足修长，股节腹缘具 2 个相互远离的扩展物。两性翅均发达，雄性窄长超过腹端；雌性稍短。前翅具不规则深色斑；后翅黄褐色。腹部侧缘具显著的叶状扩展。若虫腹部上翘，生活于密集苔藓的高海拔灌丛中。

　　生活环境：林缘。

　　成虫季节：8—11 月。若虫越冬。

　　分布：福建、台湾。

雌性

若虫

短屏顶螳 ★★★☆☆

Phyllothelys breve (Wang)

　　小型的屏顶螳，体型修长。成虫体长 4~5 cm。雌性头顶具发达的锥状角突，而雄性角突甚小。前胸背板修长，几乎占体长 1/2。前足细长，基节内侧红褐色，股节内侧具黑色斑；中后足短小，股节腹缘具不规则扩展。两性翅发达，雄性前翅半透明，超过腹端；雌性翅较短，不透明。雄性后翅无色或稍带烟褐色，雌性黄褐色。螵蛸小型，紧贴树枝表面。若虫深褐色，腹部上翘；两性若虫直至末龄时均具发达角突，但雄性在羽化后角突萎缩。

　　生活环境：林缘。

　　成虫季节：全年可见。

　　分布：云南、广西。

若虫

雄性

索氏角胸螳 ★★★☆☆
Ceratomantis saussurii Wood-Mason

雄性

小型的黄白色螳螂，鸟粪状。成虫体长 2~3 cm。复眼卵圆形，头顶具一锥状角突。前胸背板短小，背侧具 4 枚锥状突起。前足基节稍长于前胸背板，内侧黑色；前足股节背缘稍扩展，内侧无斑；中后足细长，无显著扩展物。雄性前翅狭长，沿径脉具黑色条纹；雌性前翅短宽，黑色条纹显著。雄性后翅近无色，雌性黄褐色。雌性腹部宽阔，基部及近端部白色，中部褐色。若虫白色，腹部上翘。螵蛸小型，泡沫层很薄，卵粒少数。

若虫 | 李超 摄

生活环境：林缘。

成虫季节：全年可见。

分布：云南、广西、海南。

雌性

雌性

大异巨腿螳 ★★★☆☆
Astyliasula major (Beier)

中型的褐色花螳。成虫体长 3~4 cm。头三角形，头顶无角。前胸背板短小。前足股节背侧具宽大扩展，整体呈圆片状，内侧具明显的黑色斑块；中后足细长，无扩展物。两性翅均超过腹端，雌性前翅宽阔，端部收缩，变窄，中域处具不规则黑色斑；后翅黄色，边缘烟褐色。雄性前翅窄长，近无斑；后翅烟色透明。雌性腹部宽阔，雄性下生殖板无刺突。若虫褐色，腹部上翘。螵蛸大型，块状，绿色；泡沫层丰厚，松软呈海绵状。

生活环境：林缘。

成虫季节：全年可见。

分布：云南。

雄性

若虫

雌性

雌性

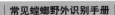

武夷异巨腿螳 ★★★☆☆
Astyliasula wuyishana (Yang & Wang)

雌性

 与大异巨腿螳近似，但体型较小，雌性前翅端部稍圆钝。成虫体长 3~3.5 cm。

 生活环境：林缘。

 成虫季节：6—10月。若虫越冬。

 分布：华南各省。

雌性

基黑异巨腿螳 ★★★☆☆
Astyliasula basinigra (Zhang)

中小型的巨腿螳，近似大异巨腿螳，但体型显著较小。成虫体长约 3 cm。前足股节内侧仅近基部黑色，腹缘无黑斑。雌性前翅圆钝，端部不收缩。其余特征与大异巨腿螳相似。螵蛸绿色，海绵状。在海南被霍氏异巨腿螳 *Astyliasula hoffmanni* (Tinkham, 1937) 取代，二者形态非常相似，后者螵蛸明黄色。

生活环境：林缘。

成虫季节：全年可见。

分布：云南。

雄性

雌性

雌性

半黑舞螳　★★☆☆☆
Catestiasula seminigra (Zhang)

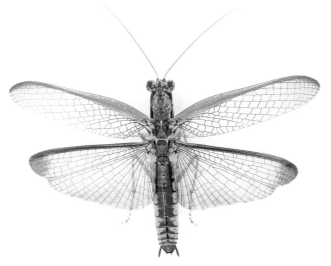

雄性

　　褐色的小型螳螂。成虫体长 2~3 cm。头顶具不显著的小角。前胸背板短小，短于前足基节。前足股节背侧扩展显著，圆片状；内侧腹半侧黑色，背半侧红褐色。中后足细长，无明显扩展物。两性翅均发达超过腹端。前翅翅脉稀疏，翅室大而规则，具虹彩；后翅无色透明。腹部背侧具显著蓝色。

　　生活环境：林缘。

　　成虫季节：全年可见。

　　分布：云南。

雄性

大姬螳 ★★★☆☆
Acromantis magna Yang

小至中型的螳螂。成虫体长 3 ~ 4 cm。头顶具一小角，复眼卵圆形突出。前胸背板较短，横沟处明显宽大，边缘有小齿突。前足股节上缘略扩展；中后足细长，股节端部具小的叶状扩展，近三角形，端部钝角状。两性翅均超过腹端，前翅沿径脉常具黑色晕染；后翅宽大，黄色；后翅末端平截，在雌性中尤其明显。通常两性均为褐色或褐绿色，但雌性前翅边缘绿色。一龄若虫黑色，拟蚁；二龄起若虫转变为褐色或褐绿色，腹部弯折上翘，第 5 腹节腹板具钩状扩展。螵蛸较小，长条状，稍扁平，末端两侧具延伸物；泡沫层较薄，褐色，常产于石块侧面或树干

雌性

缝隙。中国华南地区的姬螳属物种曾被鉴定为日本姬螳 *Acromantis japonica* Westwood，但较新的研究指出二者有明显差异，日本姬螳在中国的分布记录应被删除，这个雌性头顶缺乏角突的物种仅分布在日本列岛。姬螳属物种外观近似，区分较为困难；在中国东部地区，除大陆广泛分布的大姬螳外，台湾分布种应属于萨摩姬螳 *Acromantis satsumensis* Matsumura，而海南分布种则为海南姬螳 *Acromantis hainana* Wu & Liu。

在自然环境下，大姬螳及萨摩姬螳均以若虫越冬，海南姬螳无明显季节性周期，而日本姬螳以卵越冬。大姬螳的越冬若虫在 3—4 月开始发育，随维度越靠南，发育时间越早，广东地区 3—4 月即可见成虫，江浙地区则延迟至 5—6 月。

生活环境：林缘、农田。

成虫季节：4—8 月。

分布：华中、华东及华南各省。

雄性 | 郑昱辰 摄

若虫

尖角姬螳 ★★☆☆☆

Acromantis acuta Wu & Liu

近似大姬螳，但体型稍大，尤其雌性；雄性有着占身体比例显著更长的翅。成虫体长约 4 cm。雄性头顶角状突起发达，长且尖锐；雌性稍短。前胸背板侧缘具齿。两性中后足股节扩展物较大，近半圆形。若虫及螵蛸特征近似大姬螳。

生活环境：林缘。

成虫季节：5—9 月。

分布：云南西部及南部。

雌性

雄性

滇缅姬螳　★★★☆☆
Acromantis diana Wu & Liu

雌性

　　稍近似大姬螳，但体型较小，头顶具小的尖角突。雌性整体褐色，前翅具小黑斑，前翅前缘域通常无绿色。雄性小型，前翅沿径脉的黑色线纹不明显。中后足股节端部，叶状扩展较小，近半圆形。成虫体长 2.5～3 cm。本种曾被鉴定为印度姬螳 *Acromantis indica* Giglio-Tos，但后者雌性头顶无角突，且翅室较大。在云南西南部地区，滇缅姬螳常与尖角姬螳混生。

　　生活环境：林缘。

　　成虫季节：几乎全年可见。

　　分布：云南。

雄性

中印枝螳 ★★☆☆☆
Ambivia undata (Fabricius)

雄性

　　灰褐色的枯枝状螳螂。成虫体长 4~6 cm。复眼卵圆形，隆起，头顶具不明显的尖锐小角。前胸较长，沟前区背侧隆起。前足基节端部具一小扩展，端部内侧黑色，股节内侧具黑色斑；中后足股节具小的扩展物。两性翅均发达，超过腹端；后翅无色透明，顶端不平截。若虫腹部上翘，腹部腹侧无钩状物。螵蛸中型，块状，泡沫层较光滑；灰褐色。

　　生活环境：林缘。

　　成虫季节：全年可见。

　　分布：云南、广西、广东（深圳）。

雌性

若虫

枯叶螳科 Deroplatyidae

华丽孔雀螳 ★★☆☆☆
Pseudempusa pinnapavonis (Brunner von Wattenwyl)

大型的枯草样螳螂。成虫体长 6~9 cm。头三角形，头顶平滑。前胸背板修长，侧观时略弧形，横沟处扩展明显，侧缘具齿。前足股节短于前胸背板，内侧无显著斑纹或稍带暗斑；中后足修长，无扩展物。雌性翅不及腹端，雄性翅稍长过腹端，两性前翅均不透明。后翅整体烟褐色，中域近端部具眼状斑纹。雌性腹部宽阔。若虫近似成虫，腹部上翘，贴附在体背。螵蛸大型，块状，黄褐色。孵化后的空螵蛸常被举腹蚁属 *Crematogaster* 占据为巢。

生活环境：林缘。

成虫季节：全年可见。

分布：云南。

雄性

雌性

雌性

螳科 Mantidae

云南亚叶螳 ★☆☆☆☆
Asiadodis yunnanensis (Wang & Liang)

体态匀称的大型绿色拟叶螳螂。成虫体长 6～7 cm。头三角形，头顶较平。前胸背板稍长于前足股节，近菱形，前缘包裹住头部后侧，后缘圆润；前胸背板最宽处近头宽的 3 倍。前足股节内侧具 1 个蓝色斑；中后足无叶状扩展。两性翅均发达，前翅不透明，狭长；后翅透明，稍带粉红色。若虫整体近长菱形，腹部不上翘。螵蛸条块状，稍扁，泡沫层薄而坚硬。需注意与菱背螳属 *Rhombodera* 的区别：外观上，云南亚叶螳前胸前缘扩展包裹头部后侧，而菱背螳属则并非如此。

生活环境：林缘。

成虫季节：2—5 月。

分布：云南。

雄性

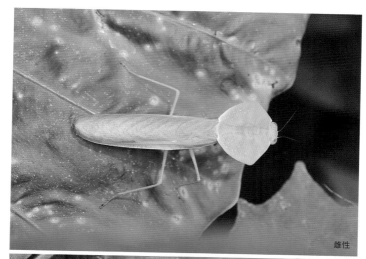

雌性

若虫

薄翅螳华东亚种 ★★★★☆
Mantis religiosa sinica Bazyluk

雄性

　　体形匀称的中大型螳螂，整体绿色，少数黄褐色至褐色。成虫体长
5~8 cm。头三角形，无角或突起。前胸较短，一些个体边缘红褐色。前足基
节内侧具 1 个黑斑或眼状斑，股节内侧无斑；中后足无扩展。前后翅发达，
超过腹部末端。后翅宽大，无色透明。腹部狭长，无扩展物。若虫腹部平伸
不上翘。螵蛸中型，纺锤形状，泡沫层较厚，黄褐色，质地松软。

　　薄翅螳广布全国各地，新疆地区分布为薄翅螳西北亚种 *Mantis religiosa
beybienkoi* Bazyluk，云南南部及海南分布为薄翅螳西南亚种 *Mantis religiosa
siedleckii* Bazyluk；但这些亚种间的关系并不清晰，分布地间标本特征有过渡，
或许不分亚种更为合适。

　　生活环境：林缘、农田、城市绿地。

　　成虫季节：温带地区 8—11 月，热带地区全年可见。北方地区卵越冬。

　　分布：全国各地。

雌性

若虫

棕静螳 ★★★★★
Statilia maculata (Thunberg)

雌性

中小型螳螂，各地常见。整体褐色，少数黄褐色，极少绿色。成虫体长4~7 cm。头三角形，无角或突起。前胸修长，边缘具细齿。前足基节内侧具黑斑，股节内侧具黑白相间的眼状斑；中后足无扩展。前后翅发达，超过腹部末端。后翅宽大，紫黑色；但绿色个体可能无色透明。腹部狭长，无扩展物。若虫腹部平伸不上翘。螵蛸中型，常产于石下，长条状，泡沫层较薄，黄褐色，质地松软。

中国原记录的绿静螳*Statilia nemoralis* (Saussure, 1870) 为多种静螳绿色型个体的误判，该种仅分布在马来群岛地区。

生活环境：林缘、农田、城市绿地。

成虫季节：温带地区 7—11 月，热带地区全年可见。北方地区卵越冬。

分布：除西北地区外的全国各地。

若虫

雌性

雌性

雄性

连纹静螳 ★★★★☆
Statilia flavobrunnea Zhang & Li

　　近似棕静螳，但前足股节内侧沿内列刺基部具连续黑带，雄性外生殖器可与棕静螳区分。成虫体长 4~6 cm。本种拉丁学名尚待修订，暂定为此名，日后研究中会有调整。

　　生活环境：林缘、农田、城市绿地。

　　成虫季节：温带地区 7—11 月，热带地区全年可见。

　　分布：华南及西南各省。

雌性

雌性

南洋半翅螳 ★★☆☆☆
Mesopteryx alata Saussure

雄性 | 黄仕傑 摄

　　体形硕大的草叶状螳螂。成虫体长 8～12 cm。头窄三角形，头顶平滑。前胸背板修长，两侧具窄扩展，腹面具黑色横纹。前足股节短于前胸背板；中后足修长，两性翅发达，稍及或不及腹端，雌性有短翅型，短翅型雌性翅长仅达腹部 1/2。前翅不透明，无斑纹；后翅无色透明。腹部窄长。螵蛸块状，坚硬，泡沫层较薄。本种栖息于荒草丛环境，相对少见。半翅螳属 *Mesopteryx* 的雌性翅长并不稳定，短翅个体及长翅个体存在较大差异，该种与宽阔半翅螳 *M. platycephala* (Stål) 的关系尚待研究。

　　生活环境：林缘、农田。

　　成虫季节：6—11 月。

　　分布：华南各省。

黄仕傑 摄

中华刀螳 ★★★★★

Tenodera sinensis Saussure

大型螳螂，几乎是中国境内体型最大的螳螂。整体绿色或褐色，但褐色型个体的前翅前缘依旧为绿色。成虫体长 7~12 cm。头三角形，无角或突起。前胸修长，边缘具细齿。前足内侧无明显的斑纹或大突起；中后足无扩展。前后翅发达，超过腹部末端，后翅宽大，紫黑色具不规则深色斑。腹部狭长，无扩展物。若虫腹部平伸不上翘。螵蛸大型，块状，泡沫层丰厚，黄褐色，质地松软。本种广布，个体差异较大，曾被用于分种的雄性下生殖板特征并不稳定。

生活环境：林缘、农田、城市绿地。

成虫季节：温带地区 7—11 月，热带地区全年可见。北方地区卵越冬。

分布：除高原及西北荒漠，见于全国各地。

雄性

雌性

雌性

若虫

枯叶刀螳 ★★★★☆
Tenodera aridifolia (Stoll)

与中华刀螳相似，不易区分。成虫体长 7~10 cm。前胸背板边缘较窄，相比中华刀螳而言，更加棱角分明，不圆润。若虫腹部平伸不上翘。螵蛸与中华刀螳相似；大型、块状，泡沫层丰厚；黄褐色，质地松软。

生活环境：林缘、农田、城市绿地。

成虫季节：全年可见。

分布：华南至西南各省。

雄性

雌性

若虫

狭翅刀螳 ★★★☆☆
Tenodera angustipennis Saussure

雌性 | 胡佳耀 摄

与中华刀螳和枯叶刀螳外形相似。成虫体长 8~10 cm。前胸腹板在前足附着处具鲜明的橘黄色；后翅几近透明，无大块黑色斑。若虫腹部平伸不上翘。螵蛸大型，长条状，泡沫层较薄，黄褐色，质地紧密。

生活环境：林缘、农田、城市绿地。

成虫季节：7—11 月。卵越冬。
分布：华北至华东各省。

雌性

雄性 | 胡佳耀 摄

瘦刀螳 ★★☆☆☆
Tenodera fasciata (Olivier)

雄性 | 张瑞 摄

　　大型而纤细的枯草样螳螂。近似前几种刀螳，但显著瘦长。成虫体长 6～8 cm。后翅仅在前缘域处具少量黑色斑，其余部分淡黄色近透明。

　　生活环境：林缘、农田。

　　成虫季节：7—10 月。

　　分布：华南各省。

雌性 | 李超 摄

勃氏刀螳 ★★☆☆☆
Tenodera blanchardi Giglio-Tos

近似瘦刀螳，成虫体长 8 ~ 10 cm。但前胸背板稍宽阔。前足股节内侧近爪沟位置，具 1 个显著黑色斑。

生活环境：林缘、农田。

成虫季节：4—10 月。

分布：云南。

雄性

雄性

宽胸菱背螳　★★★☆☆
Rhombodera latipronotum Zhang

雄性

　　体态稍扁平的大型翠绿色螳螂。成虫体长 8～10 cm。头三角形，头顶光滑。前胸背板长于前足基节；侧缘扩展明显，近圆形，最宽处可达头宽的 2 倍。前足内侧无显著黑色斑，前足基节背侧具齿。两性翅均超过腹端，无斑纹；前翅翅痣白色，后翅透明，淡黄色；雄性前翅仅前缘域不透明，雌性前翅不

若虫

透明，前缘域宽阔。雌性腹部扁宽。若虫腹部不上翘。螵蛸大型，块状，端部具不规则的延伸物；泡沫层较厚，松软；黄褐色。

　　生活环境：林缘。

　　成虫季节：3—6 月。

　　分布：云南、广西。

雌性

长菱背螳 ★★★☆☆

Rhombodera longa Yang

体态匀称的大型翠绿色螳螂。成虫体长 8～10 cm。头三角形，头顶光滑。前胸修长，长于前足基节；侧缘扩展明显，但最宽处不显著超过头宽。前胸腹板常带红褐色。前足内侧无显著黑色斑。两性翅均超过腹端，无斑纹；前翅翅痣白色，后翅无色透明；雄性前翅仅前缘域不透明，雌性前翅不透明，前缘域宽阔。雌性腹部宽阔。若虫腹部上翘，但遇惊扰时可能放平。螵蛸大型、块状、泡沫层薄但坚硬，褐色。

生活环境：林缘。

成虫季节：8—11 月。

分布：云南。

雄性

雌性

广斧螳 ★★★★★
Hierodula patellifera (Serville)

雄性

雌性

绿色、黄褐色或褐色的中大型螳螂。成虫体长 5~8 cm。头三角形，头顶光滑。前胸稍短，近等于前足基节。前足内侧无黑斑，但基节具 2~4 个三角形块状突起，明黄色。翅超过腹端，无斑纹；前翅翅痣白色，后翅无色透明。雌性腹部宽阔。若虫腹部上翘。螵蛸大型，块状，泡沫层薄但坚硬，褐色。

生活环境：林缘、农田、城市绿地。

成虫季节：温带地区 7—11 月，热带地区全年可见。北方地区卵越冬。

分布：除高原及西北地区外，见于全国各地。

若虫

雌性

雌性

中华斧螳 ★★★★☆
Hierodula chinensis Werner

雄性

雌性 | 王志良 摄

生活环境：林缘、农田。

成虫季节：7—11月。卵越冬。

分布：华东、华中及华南各省。

体态匀称的大型螳，翠绿色，极少黄色。成虫体长7~10 cm。头三角形，头顶光滑。前胸修长，长于前足基节；前胸腹板常具红褐色。前足内侧无显著黑斑。两性翅均超过腹端，无斑纹；前翅翅痣白色，后翅无色透明；雄性前翅仅前缘域不透明，雌性前翅不透明，前缘域宽阔。雌性腹部宽阔。若虫腹部上翘，但遇惊扰时可能放平。螵蛸大型，块状，泡沫层薄但坚硬，褐色。雄性下阳茎叶端钩粗壮，弯曲。本种与台湾巨斧螳 *Titanodula formosana* (Giglio-Tos) 相似且混生，但体型更显粗壮；后者雄性下阳茎叶端钩2分叉。

雄性

贝氏斧螳　★★★☆☆

Hierodula beieri Mukherjee

　　近似中华斧螳，但体型更粗壮。成虫体长 7~10 cm。国内仅见于西藏东南部低海拔地区。

　　生活环境：林缘、农田。

　　成虫季节：8—11 月。

　　分布：西藏。

雄性

台湾巨斧螳 ★★★☆☆
Titanodula formosana (Giglio-Tos)

　　体态匀称的大型螳螂，翠绿色，极少黄色。老熟成体体表常被白粉。成虫体长 8~12 cm。头三角形，头顶光滑。前胸修长，长于前足基节；前胸腹板常有红褐色。前足内侧无显著黑色斑，在股节近内列刺基部常具 2~3 个黑色小斑点。两性翅均超过腹端，无斑纹；前翅翅痣白色，后翅无色透明；雄性前翅仅前缘域不透明，雌性前翅不透明，前缘域宽阔。雌性腹部宽阔。若虫腹部上翘，但遇惊吓时可能放平。螵蛸大型，块状，泡沫层薄但坚硬，褐色。本种与中华斧螳外形近似，但雄性下阳茎叶端钩 2 分叉。

　　生活环境：林缘、农田。

　　成虫季节：7—11 月。卵或若虫越冬。

　　分布：华东至华南各省。

雄性

若虫 | 李超 摄

雌性 | 朱卓青 摄

杂斑短背螳 ★★☆☆☆
Rhombomantis fusca (Lombardo)

雄性

　　黄褐色或褐色的大型螳螂，罕见绿色。成虫体长 7~8 cm。头三角形，头顶平滑。前胸较短，稍短于前足股节，侧缘扩展显著，使得前胸背板呈卵圆形，边缘具齿。前足内侧无黑斑，但基节具 6~8 个小三角形块状突起，黄色。两翅翅均超过腹端，具不规则暗色斑；前翅翅痣白色，后翅无色透明。雌性腹部宽阔。若虫腹部上翘。螵蛸大型，块状，泡沫层薄但坚硬，褐色。短背螳属 *Rhombomantis* 前胸背板侧缘扩展加厚，横切面近三角形，而菱背螳属 *Rhombodera* 前胸背板扩展薄板状，不加厚。

　　生活环境：林缘。

　　成虫季节：2—6 月。

　　分布：云南。

雌性

梅花半斧螳　★★☆☆☆

Ephierodula meihuashana (Yang)

若虫 | 李超 摄

　　体态匀称的大型褐色螳螂。成虫体长 8~9 cm。头三角形，头顶光滑，复眼卵圆形略隆起。前胸修长，长于前足基节，横沟处稍扩展。前足内侧基节及股节均具显著的黑色条纹。两性翅均超过腹端，无显著斑纹，前缘域绿色；前翅翅痣处白色，后翅无色透明。雄性前翅仅前缘域不透明，雌性前翅不透明，前缘域相比雄性稍宽阔。腹部窄长，雌性稍宽，雄性肛上板具 1 对棒状突起。若虫腹部通常上翘。

　　生活环境：林缘。

　　成虫季节：3—8 月。

　　分布：华南各省。

雄性

雄性

五刺湄公螳 ★★☆☆☆
Mekongomantis quinquespinosa Schwarz, Ehrmann & Shcherbakov

　　体态匀称的大型螳螂，绿色或黄褐色。成虫体长 7~8 cm。头三角形，头顶光滑。前胸修长，长于前足基节，侧缘较光滑。前足股节具 5 个外列刺，内侧基节及股节均无显著斑纹。两性翅均超过腹端，无显著斑纹，前翅翅痣白色，后翅无色透明。雄性前翅前缘域及部分中域不透明，雌性前翅不透明，前缘域相比雄性稍宽阔。腹部窄长，雌性稍宽。若虫腹部不上翘。螵蛸中型，近水滴状，泡沫层薄但坚硬，黄褐色。

　　生活环境：林缘。

　　成虫季节：全年可见。

　　分布：云南。

雄性

雄性

附 录 Appendices

附录 1：中国螳螂常见属种的螵蛸图版

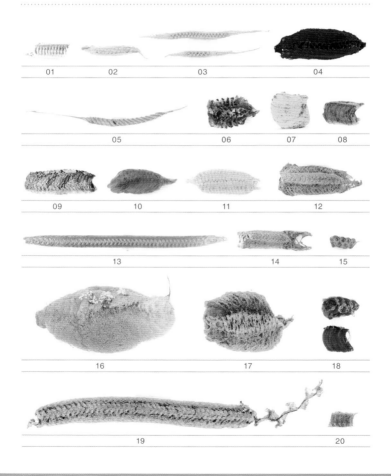

21

22

23

24

25

26

27

28

29

30

31

32

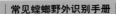

33

34　　　　　　　　35

01 越南小丝螳 *Leptomantella tonkinae* Hebard

02 格氏透翅螳 *Tropidomantis gressitti* Tinkham

03 云南黎明螳 *Eomantis yunnanensis* Wang & Dong

04 云南亚叶螳 *Asiadodis yunnanensis* (Wang & Liang)

05 齿华螳 *Sinomantis denticulata* Beier

06 中南捷跳螳 *Gimantis authaemon* (Wood-Mason)

07 马氏艳螳 *Caliris masoni* (Westwood)

08 短额华缺翅螳 *Sinomiopteryx brevifrons* Wang & Bi

09 芸芝虹螳 *Iris polystictica* Fischer-Waldheim

10 沟斑原螳 *Anaxarcha acuta* Beier

11 海南齿螳 *Odontomantis hainana* Tinkham

12 棕静螳 *Statilia maculata* (Thunberg)

13 明端眼斑螳 *Creobroter apicalis* (Saussure)

14 大姬螳 *Acromantis magna* Yang

15 中华怪螳 *Amorphoscelis chinensis* Tinkham

16 云南惧螳 *Deiphobe yunnanensis* Tinkham

17 宽斑广缘螳 *Theopompa* cf. *ophthalmica* (Olivier)

18 索氏角胸螳 *Ceratomantis saussurii* Wood-Mason

19 冕花螳 *Hymenopus coronatus* (Olivier)

20 海南角螳 *Haania hainanensis* (Tinkham)

21 琼崖弧纹螳 *Theopropus sinecus qiongae* Wu &Liu

22 浅色锥螳 *Empusa pennicornis* (Pallas)

23 尖峰岭屏顶螳 *Phyllothelys jianfenglingense* (Hua)

24 华丽孔雀螳 *Pseudempusa pinnapavonis* (Brunner von Wattenwyl)

25 中南拟睫螳 *Parablepharis kuhlii asiatica* Roy

26 中印枝螳 *Ambivia undata* (Fabricius)

27 库氏虎甲螳 *Tricondylomimus coomani* Chopard

28 五刺湄公螳 *Mekongomantis quinquespinosa* Schwarz, Ehrmann & Shcherbakov

29 薄翅螳 *Mantis religiosa* (Linnaenus)

30 宽阔半翅螳 *Mesopteryx platycephala* (Stål)

31 中华刀螳 *Tenodera sinensis* Saussure

32 大异巨腿螳 *Astyliasula major* (Beier)

33 狭翅刀螳 *Tenodera angustipennis* Saussure

34 宽胸菱背螳 *Rhombodera latipronotum* Zhang

35 广斧螳 *Hierodula patellifera* (Serville)

附录 2：中国农林城市环境常见螳螂雄性外生殖器图版

对于大众日常生产生活中所遇到的螳螂，常常仅有少数大型种，特附 9 个与农林业息息相关的常见种的雄性外生殖器图版，便于相关专业朋友参考鉴定。

| 08 | 09 |

图注：括号中为标本采集地，红色箭头所指为近似种的重点特征。

01 薄翅螳 *Mantis religiosa* (Linnaenus) （山西）

02 棕静螳 *Statilia maculata* (Thunberg) （北京）

03 连纹静螳 *Statilia flavobrunnea* Zhang & Li (暂用名) （广西）

04 中华刀螳 *Tenodera sinensis* Saussure （四川）

05 枯叶刀螳 *Tenodera aridifolia* (Stoll) （云南）

06 狭翅刀螳 *Tenodera angustipennis* Saussure （河北）

07 广斧螳 *Hierodula patellifera* (Serville) （福建）

08 中华斧螳 *Hierodula chinensis* Werner （重庆）

09 台湾巨斧螳 *Titanodula formosana* (Giglio-Tos) （台湾）

参考文献 References

[1] 王天齐. 中国螳螂目分类概要 [M]. 上海：上海科学技术文献出版社，1993.

[2] 黄邦侃. 福建昆虫志：第一卷 [M]. 福州：福建科学技术出版社，1999.

[3] 吴超. 螳螂的自然史 [M]. 福州：海峡书局，2021.

[4] 朱笑愚，吴超，袁勤. 中国螳螂 [M]. 北京：西苑出版社，2012.

[5] BATTISTON R, PICCIAU L, FONTANA P, et al. Mantids of the Euro–Mediterranean area [M].Verona: World Biodiversity Association, 2010.

[6] BOLIVAR I. Les Orthoptères de St.- Joseph's College à Trichinopoly - (Sud de l' Inde) [J]. Annales de la Société Entomologique de France, 1897, 66 (2): 282-316.

[7] BRANNOCH S K, WIELAND F, RIVERA J, et al. Manual of praying mantis morphology, nomenclature and practices (Insecta, Mantodea) [J]. Zookeys, 2017, 696: 1-100.

[8] EHRMANN R, BORER M. Mantodea (Insecta) of Nepal: an annotated checklist [J]. Biodiversität und Naturausstattung im Himalaya, 2015(5): 227–274.

[9] GIGLIO–TOS E. Orthoptera Mantidae. Das Tierreich 50 [M]. Berlin & Leipzig: Walter de Gruyter & Co.,1927.

[10] HENRY G M. Observations on some Ceylonese Mantidae, with description of new species [J]. Spolia Zeylanica, 1932, 17(1):1–18.

[11] LIU Q P, LIU Z J, CHEN Z T, et al. A new species and two new species records of Hierodulinae from China, with a revision of *Hierodula chinensis* (Mantodea: Mantidae) [J]. Oriental Insects, 2020, 55(1): 99-118.

[12] LOMBARDO F. Studies on Mantodea of Nepal (Insecta) [J]. Spixiana, 1993, 16(3):193–206.

[13] MUKHERJEE T K, HAZRA AK, GHOSH A K. The mantid fauna of India (Insecta: Mantodea) [J]. Oriental Insects, 1995, 29(1): 185–358.

[14] OTTE D, SPEARMAN L. Mantida species file, Catalog of the mantids of the world [M]. Philadelphia : Insect Diversity Association, 2005.

[15] SCHWARZ C J, EHRMANN R, BORER M, et al. Mantodea (Insecta) of Nepal: corrections and annotations to the checklist [J]. Biodiversität und Naturausstattung im Himalaya, 2018(6): 201–247.

[16] SCHWARZ C J, EHRMANN R, SHCHERBAKOV E. A new genus and species of praying mantis (Insecta, Mantodea, Mantidae) from Indochina, with a key to Mantidae of South–East Asia [J]. Zootaxa, 2018, 4472(3): 581–593.

[17] SCHWARZ C J, ROY R. The systematics of Mantodea revisited: an updated classification incorporating multiple data sources (Insecta:

Dictyoptera) [J]. Annales de la Société entomologique de France, 2019, 55 (2): 101–196.

[18] SCHWARZ C J, SHCHERBAKOV E. Revision of Hestiasulini Giglio–Tos, 1915 stat. rev. (Insecta: Mantodea: Hymenopodidae) of Borneo, with description of new taxa and comments on the taxonomy of the tribe [J]. Zootaxa, 2017, 4291 (2):243–274.

[19] SHCHERBAKOV E, ANISYUTKIN L. Update on the praying mantises (Insecta: Mantodea) of South–East Vietnam [J]. Annales de la Société entomologique de France, 2018, 54(2): 119–140.

[20] SVENSON G J, WHITING M F. Phylogeny of Mantodea based on molecular data: evolution of a charismatic predator [J]. Systematic Entomology, 2004(29): 359–370.

[21] SVENSON G J. The type material of Mantodea deposited in the National Museum of Natural History, Smithsonian Institution, USA [J]. ZooKeys, 2014, 433: 31–75.

[22] TINKHAM E R. Studies in Chinese Mantidae (Orthoptera) [J]. Lingnan Scientific Journal, 1937, 16(3): 481–499.

[23] TINKHAM E R. Studies in Chinese Mantidae (Orthoptera) [J]. Lingnan Scientific Journal, 1937, 16(4): 551–572.

[24] WANG T Q, JIN X B. Recent advances on the biosystematics of Mantodea from China [J]. Journal of Orthoptera Research, 1995, 4: 197–198.

[25] WANG Y, ZHOU S, ZHANG Y L. Revision of the genus *Hierodula* Burmeister (Mantodea: Mantidae) in China [J]. Entomotaxonomia, 2020, 42(2): 1–21.

[26] WU C, LIU C X. Four newly recorded genera and six newly recorded species of Mantodea from China [J]. Entomotaxonomia, 2017, 39(1):15–23.

跋

  本书是一本定位方便读者朋友可以随身携带的识别手册，以生态照的形式展现。承蒙重庆**张巍巍**先生关照及信赖，邀我编写本书，我一拖再拖如今终于付梓。本书的总论部分力求尽可能全面且简洁地涵盖螳螂相关的各种信息，从文化内容到分类科学、从自然生态到解剖结构，希望能让没有昆虫学基础的读者朋友轻松读懂，如能让您感到有所解惑，我深感荣幸。本书中的物种识别部分包含 77 个相对容易见到的物种，但其中大半对大众而言其实依旧罕见；本书包含物种较少，我尽量在图片选择上顾及两性成虫及若虫，以方便读者识别参考。尽管我多次检查，然而纰漏依恐难免，着墨处如有谬误，还望读者不吝指出，日后若能再版，定将修补相谢。我也诚邀同好之士一同记录，以更全面地认识这些优美的昆虫，并把它们的魅力展现给广大的读者朋友。

吴 超

2021 年 1 月 15 日于三亚

致谢

本书的完成离不开各位老师、好友的倾情相助。首先感谢中国科学院动物研究所的刘春香副研究员对我在分类学工作上的悉心指导和帮助；感谢台湾的陈常卿先生、宜宾的杨晓东先生、上海的毕文烜先生、青岛的黄灏先生在我这几年的野外考察中甚多相助。

北京教学仪器研究所的袁勤先生，北京林业大学博物馆的王志良博士，上海的张嘉致先生，蚌埠的夏兆楠先生，北京林业大学林学院的史洪亮教授，中国科学院动物研究所的梁宏斌副研究员、林美英博士、袁峰先生、刘晔先生、王勇先生、黄鑫磊先生，台湾的王宇堂先生、张永仁先生，厦门的郑昱辰先生，中国农业大学的刘星月教授、李虎教授，上海师范大学的胡佳耀博士、汤亮副教授、殷子为副教授，华南农业大学的黄思遥先生，山东农业大学的张婷婷博士，重庆的张巍巍先生，北京的李超先生、姜楠女士、刘锦程先生、关翔宇先生、王春浩先生，江苏的朱笑愚先生，上海的余之舟先生、卜南翔先生、宋晓彬先生，大连的林业杰先生，北京植物园的周达康先生，海南的李飞博士、王建赟博士，深圳的庄海玲博士，四川的邱鹭博士，福州的宋海天博士，中国科学院西双版纳热带植物园的潘勃博士、刘景欣博士，中国科学院昆明动物研究所的张浩淼副研究员，西藏大学农牧学院的潘朝晖副研究员，上海华东师范大学的何祝清博士，青岛的刘钦朋先生，北京的计云先生、丁亮先生，昆明的蒋卓衡先生，北京动物园的徐康先生，等等，曾为我提供珍贵而重要的标本或相关重要信息，在此一并致谢。

感谢广州中山大学的梁铬球教授，上海昆虫研究所的刘宪伟研究员、殷海生研究员，河北大学的任国栋教授，中国科学院昆明动物研究所的董大志研究员、李开琴博士，等等，在我对所在研究单位检视标本时为我提供的诸多便利。感谢台湾的许至廷先生帮助我查找部分文献及模式标本图片。感谢德国螳螂专家 Reinhard Ehrmann 先生和美国加利福尼亚大学的曾昱博士为我在文献查找方面提供的帮助。

感谢全国各地的螳螂饲养爱好者及热心网友：李艺、吴恒宇、张新民、陈瀚林、郭峻峰、吕泽逸、韦朝泰、王阳鸣、王彦卿、涂粤峥、岳逸松等人为我直接或间接地提供了各种螳螂样本。

由衷地感谢李超、王志良、胡佳耀、汤亮、黄仕傑、张嘉致、朱卓青、王瑞、张瑜、郑昱辰、寒枫、李辰亮、李颖超等好友热情而无私地提供了他们拍摄的珍贵照片，正是他们的奉献令本书生辉，各位图片作者的所有版权皆在正文处标注。